AF537625

Kakteen

Ein Portrait
von
Martin Kölbel

NATURKUNDEN

NATURKUNDEN № 96

herausgegeben von Judith Schalansky
bei Matthes & Seitz Berlin

Inhalt

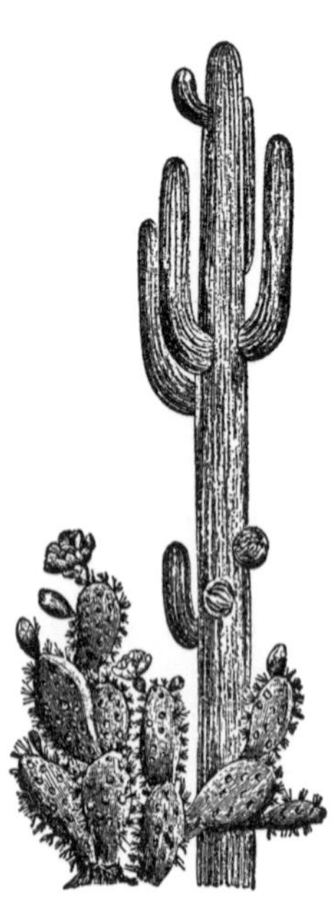

Idyllen mit Kaktus

Mit geübter Hand gräbt Herr Pianta seltene Kakteen aus. Er prüft die Haut und die Dornen, dann klopft er das Erdreich aus den Faserwurzeln und steckt sie in dünne Baumwollsäckchen, die er an seiner Haut festklebt. Eine Bauchattrappe und ein Farmerhemd sollen sie vor neugierigen Blicken schützen. Die Ausreise aus Chile verläuft wie erhofft reibungslos, doch in Mailand spürt er plötzlich ein leichtes Kratzen, wie wenn eine Hundepfote um Auslauf oder Futter betteln würde. Dabei muss er sein Gesicht merklich verzogen haben, denn der Zollbeamte hat Verdacht geschöpft und ihn händisch visitiert. Nun liegen die Pflänzchen verloren auf dem kalten Stahlrohrtisch. Tags darauf wird die Polizei bei Ancona, wo Herr Pianta ein »improvisiertes Gewächshaus« hat, »mehr als 1000 Kakteen« im Wert von fast »einer Million Euro«[1] sicherstellen.

Früher feierte man Volksfeste auf dem Areal vor den Toren Roms, später errichtete man dort einen Friedhof für Reisende, die in der Ewigen Stadt verstarben, ohne der katholischen Konfession anzugehören. Heute liegt der Cimitero acattolico wie eine verlockend stille Oase abseits der großen Verkehrs- und Touristenströme. Bei meiner letzten Romreise entdeckte ich dort unter den Schirmen der Pinien auch eine weiß bedornte *Parodia haselbergii*. Der kugelige Topfkaktus wachte neben den roten Geranien am Grab des Kommunisten Antonio Gramsci.

In Hamburg reihen sich Hunderte auf einem regengeschützten Südwestbalkon. Vorne entfaltet jetzt ein kleinköpfiger Rübenwurzler seine violetten Blütenkelche. Direkt daneben zeigt ein anderer seinen lädierten Schädel: Ein junger Eichelhäher hat ihm neulich den Schnabel tief ins Fleisch gehauen. Seitlich zittern drei daumendicke Säulen: Ein verwegenes Eichhörnchen ist über sie hinweggesprungen. An der Backsteinwand aber träumt ein weiß Behaarter von den Wüsten Amerikas.

Szenen wie diese ließen sich bunt und reichlich schildern. Wer ein Auge für Kakteen hat, wird sie in Europa an vielen Orten bemerken, nicht nur auf Stahlrohrtischen, Gräbern oder Balkonen. Auch im Schaufenster eines Berliner Friseurs und einer Königsteiner Bäckerei, im Hausrat einer verstorbenen Luzernerin und im Gepäck eines Hamburger Emigranten wurden sie schon gesichtet. Vor einigen Jahren war ein »Riesen-Kaktus« sogar eine europaweite Zeitungsmeldung wert, weil er in Monaco eine 92-jährige Touristin erschlagen haben soll.[2] Doch die drei von mir erzählten Episoden genügen, um vor allem eines zu bekräftigen: Ein Europa ohne Kakteen ist heute schwer vorstellbar.

Doch das war nicht immer so, wie sich aus ihrer ursprünglichen Verbreitung leicht ersehen lässt. Endemisch wachsen Kakteen – von einer Ausnahme abgesehen – ausschließlich in Amerika. Dort verteilen sie sich auf einem schätzungsweise 12 000 Kilometer langen Gebiet, das sich vom südlichen Kanada über den Äquator bis ins kühle Patagonien erstreckt. Entsprechend hoch ist die Vielfalt ihrer Wuchsformen und Wuchsorte. Alles ist dabei: Bucklige, Riesen, Zwerge, Bodenkriecher; Melonen, Säulen, Peitschen, Bischofsmützen; Bedornte, Behaarte,

Blättrige, Wollige, Warzige und auch Nackende. Einige hängen in Astgabeln oder Felsritzen, andere lagern im Halbschatten von Sträuchern oder Gräsern, dritte lassen sich die Haut vom Morgennebel benetzen. Manche trotzen klirrender Kälte, heftigen Wolkenbrüchen oder dünnster Höhenluft, die meisten aber gleißendem Sonnenlicht und strapaziöser Trockenheit.

Vor Kolumbus' Entdeckungsreisen kannte die urwüchsigen Amerikaner in Europa jedoch niemand. Im Grunde gab es nicht einmal eine ›Kaktus‹ genannte Pflanze. Denn vor Ort verwendete man nicht universell lateinische, sondern regional indigene Benennungen, die zudem in eine kultische, keine botanische Naturkunde eingebettet waren. Dem Namen nach ist der Kaktus vielmehr eine europäische Erfindung des 16. oder 17. Jahrhunderts, die erst Mitte des 18. Jahrhunderts amtlich festgestellt wurde. Erst von da an ließen sich bestimmte Pflanzen einheitlich als Kakteen auffassen: als ordentliche Mitglieder einer vielköpfigen Familie mit reicher Verwandtschaft und sicheren Identitätsnachweisen.

Auch in den schönen Künsten tauchte der Kaktus erst relativ spät auf und das wiederum auch als eigenes europäisches Phänomen. Mitte, Ende des 18. Jahrhunderts verfing er erstmals als zaghaft bewunderter Sonderling, ehe er auch Hauptrollen übernehmen und sogar zur Modepflanze aufsteigen konnte. Doch bei aller Wertschätzung, die er dabei beifällig erfuhr, schieden sich an ihm immer wieder die Geister. Stets wusste man Neues auf die Frage einzuwerfen, was denn das Besondere an dieser seltsamen Pflanze sei, und geriet darüber bisweilen sogar in Streit, wie in Thomas Bernhards Erzählung *In der Höhe. Rettungsversuch, Unsinn.*

Wüstenlandschaft mit Carnegiea gigantea *und* Echinocereus

triglochidiatus, *gemalt von Marianne North in Arizona (1875).*

An einem Wirtshaustisch kommt man plötzlich auf einen Kaktus zu sprechen. Der Mann feiert ihn als wunderbare »Überraschung« der örtlichen Gärtnerei, während die Frau sich wie angestochen ereifert: Sie habe »für Kakteen nichts übrig«, mosert sie, diese Pflanzen würden in ihr nur »Abscheu« erregen. Weit kurioser als ihre Abneigung wirkt die Begründung. Kakteen erinnerten sie »an nackte übertrieben lüsterne Männer, an schmutzige Satyriasis«. Gewiss stützt sich dieser Eindruck auf die für Kakteen typische Korpulenz: Ihr manchmal säuliger Wuchs lässt sich durchaus als phallisch empfinden. Ihn mit einem krankhaft gesteigerten männlichen Geschlechtstrieb gleichzusetzen, entbehrt aber nicht der Komik und verlangt nach sofortiger Revision. Wie so oft ist es auch hier die Sprache, die spielerisch zu neuen Ufern bringt: »*Kakteen, Kakteen!* Das Wort tanzt einigemal hin und her«, ehe es bei der Frage aller Fragen anlanden lässt: »Was soll also Besonderes an diesem Kaktus sein?«

Für den Mann liegt es in der »Blüte, diese Blüte könne man *nur heute* und dann wieder sieben Jahre nicht mehr sehen«.[3] Doch das Besondere beschränkt sich gewiss nicht auf die Blüte allein, mit der Bernhards Kaktus im siebten Jahr den Ruhetag des Schönen einlegt. Es liegt vielmehr in einer Vielzahl an Eigenheiten, die bei den Kakteen ihresgleichen sucht, obschon sie nicht einmal zu den großen Pflanzenfamilien gehören. Mit ihren 1851 Arten, die bei der letzten Zählung von 2021 festgestellt wurden, rangieren sie im unteren Mittelfeld. Zu den Spitzenreitern gehören die Orchideen (*Orchidaceae*) und die Korbblüter (*Asteraceae*) mit je ungefähr 25 000 Arten. Die Pfeffergewächse (*Piperaceae*) sind den Kakteen zahlenmäßig in etwa ebenbürtig, auf nur halb so viele Arten kommen die Armleuchteralgen (*Charophyceae*). Kulturell wurden von jenem Reichtum jedenfalls meist nur einzelne Facetten, selten alle zusammen beachtet: Mal fielen die Blüten auf, mal die Dornen, mal der Wasserspeicher, mal die Korpulenz. Mal interessierten seine Nützlichkeit, die Diversität, seine Wildheit, seine artifizielle Plastizität, der Exotismus, mal die körpereigenen Drogen.

Je intensiver man sich jedoch mit dem wilden Amerikaner befasste, desto nachdrücklicher verwandelte man ihn in einen kultivierten Europäer, dessen Wuchsvorlieben hinter Glas und in Töpfen künstlich nachempfunden werden mussten. Wie er nun in Treibhäusern oder auf Fensterbänken so dastand und als empfindlicher, aber genügsamer Pflegefall umsorgt werden musste, bot er sich als Fläche an, auf die sich allerlei Denk- und Wunschbilder projizieren ließen. So unterschiedlich sie auch ausfielen, sie umspielten doch wie Wellen die Klippe einen harten Kern: des Kaktus überseeischen Exotismus. Die kleine Dosis Wildheit oder Befremden, die er ins europäische Denken und Fühlen einbrachte, animierte dazu, soziale Enge zu weiten oder ästhetische Grenzen zu verrücken, und das vermutlich vor allem deshalb, weil er an ein tief menschliches Verlangen rührte: an das Verlangen nach kultureller Zähmung von wilder Natur.

Mein Portrait rekonstruiert sieben Stationen dieser kulturellen Zähmung. Es erkundet die Bildungsgeschichte, die der Kaktus von seiner nullten Stunde an durchlaufen hat, und zeichnet nach, wie sich seine Gestalt vor allem in Europa über die Jahrhunderte verändert hat. Ihren Anfang nimmt diese kulturbotanische Entdeckungsreise jedoch in seiner angestammten Heimat: in Amerika.

Der Kaktus (Pachycereus weberi) *als Schatten spendender Baum: Gemälde des mexikanischen Landschaftsmalers José María Velasco von 1887.*

Die Anfangsjahre eines Spätlings

Da es vom Kaktus keine Fossilien gibt, lässt sich seine Urzeit weder bebildern noch genau datieren. Zwar entdeckte man 1926 eine *Eopuntia douglassii*, deren bestielte Ohren an einen Feigenkaktus (Opuntie) denken ließen, doch das Fossil entpuppte sich als ein Urahn des Zyperngrases.[1] Ein andermal bemerkte man im versteinerten Kot eines Faultiers die Reste einer Opuntienmahlzeit, doch mit einem Alter von rund fünf Millionen Jahren waren sie viel zu jung für evolutionsbiologische Spekulationen. Mit der Zeit ging man daher dazu über, die dürftige Spurenlage den bevorzugten ariden Lebensräumen anzulasten: Da dort feuchte Sedimente fehlen, die ihn luftdicht umschließen, körpereigene Säfte auspressen und die Verwesung stoppen könnten, bilden sich auch keine organischen Überbleibsel aus, die zu Fossilien mineralisieren könnten.

Gehaltvollere Mutmaßungen lassen sich erzielen, wenn man die beschränkte Verbreitung mit der Urgeschichte der Kontinente verbindet. Die Beweislast liegt dann auf den Schultern zweier Fragen: Warum wachsen die Kakteen nur in Amerika endemisch und nicht auch in den Trockengebieten Südeuropas, Afrikas oder Australiens? Wieso breitete sich der Urkaktus nicht weltweit aus?

Die mögliche Antwort fällt vergleichsweise simpel aus: Er kam schlicht zu spät. Mit dieser Annahme lassen sich sowohl seine beschränkte Verbreitung erklären als auch seine Entstehungszeit auf das zehnmillionste Jahr genau datieren. Stark verkürzt gesagt hatte die Erde, als für die Kakteen der evolutionäre Weckruf erfolgte, ihre Frühphase längst hinter sich. Der massige Urkontinent Pangäa gehörte bereits der Vergangenheit an, ebenso eines seiner Spaltprodukte, der Teilkontinent Gondwana. Auch dieser war schon in großen Schollen auseinandergedriftet, die der Form nach bereits den heutigen Kontinenten ähnlich sahen. Die Teilung und die dabei neu entstehenden Weltmeere ließen die natürliche Land- und Luftbrücke zwischen Südamerika und Afrika, Indien oder Australien reißen und verhinderten die Verbreitung auch von Pflanzensamen durch Nager, Wind oder Vogelflug. Die Erschließung außeramerikanischer Lebensräume war für alle Pflanzen, die sich erst danach entwickelten, praktisch unmöglich geworden. Der Urkaktus saß förmlich auf seiner kontinentalen Scholle fest, und zwar vermutlich zuerst im heutigen Peru oder in Bolivien. Darauf kommt man, weil dort die meisten und vielleicht auch ältesten Arten wachsen.

Als aber Gondwana im Erdmittelalter sich träge teilte, waren die Witterung noch zu feucht und die Böden noch zu humos. Erst ein Klimawandel im späten Eozän vor etwa 30 bis 40 Millionen Jahren schuf die passenden klimatischen Bedingungen. In der nun einsetzenden Warm- und Trockenphase entstand vermutlich erst einmal ein Laubblätter tragender Strauch, der – ähnlich der heutigen Kakteengattung *Pereskia* – noch über keinen körpereigenen Wasserspeicher, also über keine Sukkulenz verfügte.

Dieser blättrige Urahn ist seinen sukkulenten Nachfolgern im genetischen Gedächtnis verblieben. Auch sie durchbohren

Ungefähr so könnte der Urkaktus ausgesehen haben: Die abgebildete Pereskia aculeata *wuchs Mitte des 18. Jahrhunderts in James Sherards berühmtem Exotengarten in Eltham.*

noch mit Keimblättern die harte Samenhülle, und ein paar wenige weisen sogar an den Gliedern noch kleine Blättchen auf. Schon Johann Wolfgang von Goethe bemerkte, als er nach der Urpflanze forschte, »mit Vergnügen«, wie sich ein ausgesäter Feigenkaktus »ganz unschuldig« in »zwei zarten Blättchen enthüllte, sodann aber, bei fernerem Wuchse, die künftige Unform entwickelte«.[2] Unförmige Korpulenz und blattlose Stammsukkulenz bildeten die Kakteen wohl erst im Oligozän vor etwa 25 Millionen Jahren aus, ihre Artenvielfalt kam erst im Miozän vor vielleicht 10 bis 5 Millionen Jahren hinzu.

Aus der ebenso spurlosen wie schleppenden Evolution lässt sich nun ein erstes Portrait skizzieren. Es zeigt den Kaktus als bilderscheuen Spätling, der das Licht der Welt erst erblickte, als andere Pflanzen längst erwachsen waren. Doch die späte Evolution erwies sich für ihn durchaus als vorteilhaft. Indem er lebensfeindliche Wuchsbedingungen in einen Standortvorteil ummünzen konnte, erschloss er sich jene dünn besiedelten Lebensbereiche, wo pflanzliche Konkurrenten nur schwer ein Auskommen fanden. Der körpereigene Wasserspeicher (Sukkulenz), die teilweise in die Nachtstunden verlagerte Fotosynthese (Crassulaceen-Säurestoffwechsel, kurz CAM), die in Dornen umgewandelten Blätter, die meist blockierte Verholzung und Rindenbildung, die wächserne Außenhaut und die familientypischen Dornenkränze (Areolen): All dies schützte die Nelkenartigen (*Caryophyllales*) zudem verlässlich vor Austrocknung, Sonnenbrand und hungrigen Nagern, vielleicht auch eine Zeit lang vor uns Menschen. Vermutlich wussten wir mit diesem dornigen Überlebenskünstler lange nichts anzufangen. Das änderte sich erst vor ungefähr 6000 Jahren.

Ein blutiges Organ mythischer Macht

Auch kulturell lässt sich der Kaktus als bilderscheuer Spätling skizzieren. Allerdings könnte dieser Eindruck auch trügen und nur von der dürftigen Überlieferungslage herrühren. Seine amerikanische Frühzeit ist nur spärlich dokumentiert. Die älteren Darstellungen fielen wohl größtenteils den europäischen Eroberern zum Opfer. Die Heilige Inquisition schätzte sie mehrheitlich als heidnisch oder anstößig ein und befahl ihre Vernichtung. Die wenigen aber, die die christliche Zensur überdauert haben, zeigen Pflanzen, die man nicht leichtfertig als Kakteen bezeichnen sollte. Zeitgenössisch trugen sie nur indigene Namen wie *Peyōtl*, *Nōchtli*, *Andachuma* oder *Wachuma*. Der Name ›Kaktus‹ wird sich erst ab Mitte des 18. Jahrhunderts durchsetzen, nachdem sich die europäische Botanik zum Maß aller Pflanzen erhoben hat. Bis dahin halten Kult und Kultur sie noch fest umklammert. Die älteren Darstellungen zeigen dann auch keine Wildpflanzen, die botanisches Wissen bestätigen oder bereichern sollen, sondern Agrar- oder Kultgewächse, die als Bildzeichen, Rohstoff, Heil- oder Rauschmittel verwendet wurden.

Eine der ältesten Darstellungen entdeckte man in den 1970er-Jahren im heute peruanischen Chavín de Huántar. Das dortige Orakel- und Kultzentrum, dessen Blütezeit vermutlich im 1. Jahrtausend v. Chr. lag, gibt bis heute große Rätsel auf, zumal die Ausgrabungen längst nicht abgeschlossen sind. Gleichwohl

Dieser Schlangenmensch präsentiert einen Kaktus als religiösen Machtbeweis. Präkolumbianische Stele aus Chavín de Huántar.

legte man dort eine Stele frei, die nach heutigem Ermessen einen in Stein gemeißelten Kaktusträger zeigt. Schlangenköpfe baumeln ihm zottelig über Stirn, Schläfe und vom Gürtel herab. Reißzähne bewehren die Mundhöhle und Krallen die Fingerkuppen. Und in seiner Rechten hält er das Kopfstück eines säuligen Kaktus fest umklammert. Der zupackende Griff lässt an eine Selbstverletzung und heroische Schmerzüberwindung denken, doch offenbar gilt der Griff nicht dem Kaktus selbst, sondern seiner rauschhaften Wirkung und deren kultischer Bedeutung. Die psychoaktive Pflanze, die das Quechua als *Huachuma*, das Englische als *San Pedro cactus* und die heutige Botanik als *Trichocereus macrogonus var. pachanoi* bezeichnet, wird als rituelles Prunkstück präsentiert: als Quell oder Beweis von spiritueller oder politischer Macht.

Auch bei den späteren Darstellungen aus anderen Kulturräumen stößt man auf ein ähnliches Motiv, das jedoch eine neue Ausdeutung und eine erhöhte Prominenz aufweist. Zwei Jahrzehnte nach der Eroberung Mexikos erstellten kundige Azteken im Auftrag der spanischen Besatzer den schönen *Codex Mendoza* (1542/51). In ihm platzierten sie den Kaktus auf der Hauptseite am Nabel der Welt, wo die Macht des Stadtstaats Tenochtitlan (Mexiko) mythisch begründet wird. Auf einem Felsbrocken steht ein rotdorniger und rotblühender Feigenkaktus (Opuntie), auf dessen vier Gliedern ein mächtiger Adler thront. Noch 300 Jahre später hielt man das Motiv für staatstragend genug, um es als Wappen auf die mexikanische Flagge zu sticken und mit nationalstaatlicher Emphase flattern zu lassen. Der Adler umgreift hier mit seinen Krallen eine Schlange und er symbolisiert dabei gewiss auch den Sieg über die spanischen Besatzer. Dazu passend soll der Feigenkaktus zusammen mit Lorbeer- und Eichenzweig Ruhm und Ehre verbreiten.

Der *Codex Mendoza* betreibt indessen weder heraldische Folklore noch botanische Expertise. Das dreiteilige Bild steht vielmehr zeichenhaft für den Stadtstaat selbst und seine mythische Gründung. Dessen Stammvater Ténoch hockt in Schwanzhöhe des Adlers auf einem Thron aus Schilf. Ein dünner Faden verbindet ihn mit einem nunmehr zweiteiligen Bild aus Fels und Kaktus, das wie ein Statussymbol oder Adelsprädikat auf Höhe seines Nackens zu schweben scheint. Ein blaues, schneckenförmiges Wölkchen weist ihn als Sprecher oder maßgeblichen Erzähler aus.

Auf die spanischen Auftraggeber wirkten das Wölkchen und alles akkurat Gezeichnete gewiss wie auf uns Heutige: als wirres Bilderrätsel, das nach ausführlichen Erklärungen verlangt. Tatsächlich ließen sie sich die genauen Hintergründe auch erzählen, passten aber das Gehörte den christlichen Denkmustern an, die ihnen von ihrer europäischen Heimat her geläufig waren. Auch wenn sie sich um eine interkulturelle Verständigung bemühten, gerieten sie doch auf den holprigen Weg gröberer Missverständnisse. Indem sie mit der fremden Kultur auch eine fremde Pflanze ins europäische Blickfeld rückten, entrissen sie beide aus ihren kulturellen Zusammenhängen. »Hier beginnt die Geschichte der Stadt Mexiko«, heißt es gleich am Anfang der spanischen Erzählung, »gegründet und bevölkert von den Mexikanern, die sich damals Mexica nannten. Diese Geschichte erzählt kurz und zusammenfassend, wie sie zu Herren wurden, ihre Taten und ihr Leben, wie die folgenden Bilder und Figuren zeigen.«

Schon durch diese Zeilen geistert ein erstes Missverständnis. Nach heutigem Ermessen *zeigen* die Bilder und Figuren nichts, sondern *bedeuten* etwas, und zwar in der Art von Piktogrammen oder Hieroglyphen. Das am Nabel der Welt Gezeichnete entspricht ziemlich exakt den Silben des Namens Tenochtitlan: Der Feigenkaktus bedeutet *nōchtli*, der Stein hingegen *tetl*. Al-

Der Kaktus steht am Nabel der Welt und erinnert an die Gründung Mexikos. Hauptseite des Codex Mendoza *(1542–1551).*

les zusammen ergibt eine bildgestützte Semantik, die die Spanier in keinem Wörterbuch nachschlagen konnten. Sie lebte vielmehr von einer hoch bewerteten mündlichen Tradition, die stetig wachgerufen und wachgehalten werden musste. Die fortlaufende Erzählung und Erinnerung verlieh den Bildchen ihren Sinn, die sozusagen eine Eselsbrücke in die aztekische Vorvergangenheit schlugen. Mit ihr wussten die Spanier nur wenig anzufangen, waren sie doch in einem schriftgestützten Verständnis von Geschichte befangen: Deren Fortleben sicherte in Büchern Festgeschriebenes.

Dementsprechend ließen sie die mexikanische Geschichte auch nicht mit Ténochs Wölkchen beginnen, sondern mit einer Jahreszahl nach Maßgabe ihres buchgestützten Glaubens: »Im Jahr 1324 nach der Ankunft unseres Herrn und Erlösers Jesus Christus«, fährt die spanische Erzählung fort und legt die für sie maßgebliche Zeitrechnung fest. Zu christlicher Zeit kamen »die Mexikaner im Landstrich der Stadt Mexiko an, und da ihnen der Raum und der Standort gefielen, nachdem sie viele Jahre auf ihrer Reise von Ort zu Ort gewandert waren, in denen sie zum Teil einige Jahre angehalten hatten, weil sie von einem fernen Land gekommen waren, und sich auf ihrer Reise mit keinem der Zwischenstopps zufrieden gegeben hatten, kamen sie am Ort von Mexiko an.«

Mit bloßem Gefallen ist es aber nicht getan. Die Wanderungen gelten ja keiner Idylle, sondern einem gelobten Land, das sich durch Wunder und Zeichen beglaubigen muss. Erst dann können aus den Umherschweifenden sesshafte Siedler werden. Wenn dafür auch der Kaktus herangezogen wird, so deutet dies auf eine hohe Wertschätzung hin, die er gewiss schon länger genossen hat. Ein Unkraut oder eine simple Ackerpflanze hätte man wohl kaum an den Nabel der Welt gestellt.

»Und fast in der Mitte und im Zentrum« stoßen die Mexica auf ein Phänomen, dessen Teile für sich genommen eher belanglos, da vollkommen natürlich wirken. Ihre Kombination macht sie aber zu etwas Unwahrscheinlichem, und genau dies Unnatürliche ist es, was auf eine höhere Bedeutung schließen lässt. Sie ergeben zusammen eine Art naturreligiösen Satz, in dem sich die höhere Botschaft ausdrückt: Das verheißene Ziel ist erreicht. Der Satz selbst setzt sich aus den bereits erwähnten Bildern zusammen: einem »großen steinigen oder felsigen Hügel, auf dessen Spitze ein großer Feigenkaktus blühte, auf dem ein Adler seinen Horst und Futterplatz hatte; und die Stätte war mit Vogelknochen und vielen Federn in verschiedenen Farben bedeckt«.

Die Spanier dürften diese Szenerie auch deshalb als rätselhaft empfunden haben, weil sie für das wichtige pflanzliche Mittelstück nicht einmal einen Namen hatten. Um die fremde Pflanze in ihren Kulturkreis zu übertragen und dort vorstellbar oder verständlich zu machen, mussten sie sich mit einer Metapher behelfen: Sie tauften den Feigenkaktus auf den Namen *tunal*, was wörtlich ›Sonnenhitze‹ heißt. Ihn hat der Feigenkaktus im Spanischen bis heute behalten. Ein ähnliches Verfahren schreibt der *Codex Mendoza* aber auch den mexikanischen Siedlern zu. Auch sie nehmen die neuen Ländereien mit einem Taufakt in Besitz, genauso wie die Spanier den mythischen Kaktus: »Und um die Gründung ihrer Siedlung einzuweihen«, fassen die Mexica den Beschluss, »der Stätte einen Namen zu geben, und sie nannten sie Tenochtitlan wegen des auf dem Stein wachsenden Feigenkaktus, denn Tenochtitlan bedeutet in unserem Kastilisch ›auf einem Stein wachsender Feigenkaktus‹.«[1]

Der *Codex Mendoza* verfolgt aber nicht nur die Aneignung einer fremden Kultur, sondern auch deren Beschönigung. Dafür blendet er aus oder mildert ab, was spanische Empfindlichkeiten reizen oder verletzen könnte. Von dieser Tendenz zur Idealisierung zeigt sich der Feigenkaktus mit erfasst. Zieht man nämlich andere Darstellungen zurate, stößt man auf drastischere, ungeschönte Bilder. Die Landnahme verlief keineswegs derart friedlich wie eine christliche Taufe, sondern blutig, polytheistisch und kriegerisch.

Die präkolumbianische Tempelminiatur des Heiligen Krieges (*Teocalli de la Guerra Sagrada*) zum Beispiel lässt am Polytheistisch-Kriegerischen keinen Zweifel: Den Adler verknüpft sie mit dem Hauptgott der Mexica Huitzilopochtli und hängt ihm ein Bildzeichen für Krieg unter den Schnabel. Der Feigenkaktus findet sich auf sieben Glieder aufgerüstet und demonstriert seine Macht an der Göttin der stehenden und fließenden Gewässer, die niedergeschlagen zu seinen Wurzeln liegt.

Vor allem wird im *Codex Mendoza* ein Phänomen ausgeblendet, das in der aztekischen Kultur fest verankert war und über das etwa der benachbarte *Codex Boturini* aufklärt. Auch hier haben sich die Mexica auf die Suche nach dem verheißenen Land begeben. Die Fußspuren bezeichnen bildlich die fortschreitende Wanderung. Unterwegs stoßen sie aber auch auf zwei Kugelkakteen, auf deren Dornen zwei wehrlose Krieger zu liegen scheinen. Doch der Schein trügt, weil die Zeichner keine Konvention für dreidimensionale Darstellungen kannten. Ge-

Der Feigenkaktus triumphiert über einen auf dem Dach des großen Tempels geopferten Krieger: Piktogramm aus dem Codex Azcatitlan.

Nutzten die Mexica Kugelkakteen als Opferaltäre? Bildzeichen aus dem Codex Boturini *(1530–1541).*

nau besehen liegen die Krieger nämlich nicht auf den Kakteen, sondern hinter ihnen, wie es sich aus einer dazu passenden Beschreibung entnehmen lässt: Die Mexica begegnen auf ihrem Weg nämlich »Dämonen, (die) zwischen die Kugelkakteen (veycomitl) heruntergefallen waren«.[2] Die Kakteen dienen sozusagen als Dämonenfänger, und gegen diese Dämonen richtet der Hauptgott der Mexica einen unzweideutigen Befehl, dessen Konsequenzen der *Codex Mendoza* verschweigt: »Ergreift sie, die zwischen den Kugelkakteen sind! Sie sollen die ersten Tributpflichtigen (die ersten Opfer) sein!« Die Mexica leisten dieser Aufforderung fraglos Folge und »beklebten« die »Ohren (und die Schläfen)« der Ergriffenen »mit Federn«,[3] was im Klartext heißt: Die tributpflichtig Genannten bekommen den Schmuck für ihre bevorstehende Opferung angelegt. Der nach vorn gebeugte Azteke, den ein über seinem Kopf schwebender

Feigenkaktus adelt, stellt vielleicht Tenochtitlan oder einen Priester dar, der das befohlene Menschenopfer vorbereitet.

Demnach pflastern nicht nur, wie es der *Codex Mendoza* beschönigend nahelegt, Vogelknochen, sondern auch Menschenknochen den Boden des Mythos, auf dem der Kaktus als hoch bewertete Kult- und Symbolpflanze zu stehen kommt. Entsprechend färbte auf ihn auch jene »Opferhysterie der Azteken« ab, bei der »die Priester im Blut der rituellen Massaker wateten« und für die »um so grausamere Kriege geführt werden mußten, je schwieriger es wurde, die Massen der Göttern genehmen Opfergefangenen bei den umwohnenden Völkern zu beschaffen«.[4]

Der Feigenkaktus gibt dem »Blut der rituellen Massaker« sogar buchstäblich die Farbe: Alle Rottöne, die die Ortsglyphen, Mäntel, Insignien der Könige, Trachten der Krieger, Fahnenstangen, Kakteenblüten und die von Natur aus eigentlich bräunlichen Dornen staatstragend glänzen lassen, gehen auf einen Nützling zurück, den die Mexica auf den Gliedern von Feigenkakteen kultivierten. Die weibliche Cochenilleschildlaus (*Dactylopius coccus*) bildete den Rohstoff für eine karminrote Lackpigmentfarbe, deren Herstellung der *Codex Florentinus* eine kurzatmige Beschreibung gewidmet hat. Die Cochenilleschildlaus heißt dort auf Nahuatl *nōcheztli*: »Der Name stammt von *nōchtli* [Feigenkaktus] und *etzli* [Blut] ab, da sich die *nōcheztli* auf einem *nopalli* [Nopal, Synonym für den Feigenkaktus] entwickelt und wie Blut aussieht, wie eine Blutblase. Die Cochenille ist ein Insekt, ein Wurm. Der Cochenille-Nopal ist ihr Brutplatz.«[5] Die fett gewordenen Würmchen werden abgeerntet und ausgekocht, aus dem Sud ein Farbstoff ausgefällt, der dann für die weitere Verarbeitung getrocknet wird.

Anbau und Ernte der Cochenilleschildlaus wurden von den spanischen Besatzern vielfach bebildert. Abbildung aus dem Memorial de Don Gonçalo Gomez de Cervantes *(16. Jahrhundert).*

Das Kaktusfeigenblut symbolisiert gewiss auch das Blut, das für die Staatsgründung und Staatserhaltung vergossen wurde. Alles zusammen hilft die hohe Wertschätzung erklären, die dem Kaktus in seiner kulturellen Frühzeit zugekommen ist: Als Mittler zwischen Himmel (Adler) und Erde (Stein) gehörte er nicht nur zu den Gedächtnisstützen mythischer Geschichte und zum bildlichen Inventar kultischer Politik. Darüber hinaus lieferte er auch einen unerlässlichen Rohstoff für deren Darstellung und Tradierung.

Den Spaniern dürfte diese günstige Mischung bald aufgefallen sein, da sie auch für ihre karminroten Insignien der Macht gut zu gebrauchen war. In der Folge deuteten sie die aztekische Kultpflanze um in ein profitables Wirtschaftsgut: Das Kaktusfeigenblut gehörte bis ins 18. Jahrhundert hinein zu den wertvollsten Exportprodukten aus Neu-Spanien.

Der Melokaktus gehörte zu den ersten Kakteenarten, die nach Europa kamen. Illustration von Pierre-Joseph Redouté aus Augustin Pyrame Candolles Histoire des plantes grasses *(1799).*

Kolumbianischer Austausch

Bis heute hält sich unter Kakteenfreunden hartnäckig das Gerücht, gleich der erste Südeuropäer, der amerikanischen Boden betrat, hätte einen Kaktus mit nach Europa gebracht. Neben Goldschmuck, Feldfrüchten, Papageien und zehn später sogenannten ›Indianern‹ hätte er ihn im andalusischen Palos de la Frontera mit an Land geschafft und dem spanischen Königspaar als Mitbringsel stolz präsentiert. Einen bleibenden Eindruck wird der Kaktus dabei nicht hinterlassen haben. Nach der kräftezehrenden Überfahrt wirkt er inmitten der exotischen Schaustücke wohl eher kümmerlich und böse. Man kann den Dornigen weder befühlen noch begreifen, ebenso wenig spielt er sich wie der Papagei als Paradiesvogel auf. Keine Chronik hält ihn für erwähnenswert, dabei hätte man ihn doch zu den stummen Zeugen des neuen Zeitalters rechnen müssen, das im März 1493 seinen Anfang nahm.

Dort, wo Christoph Kolumbus Ende 1492 anlandete, drängten sich vielleicht auch Kakteen als Blickfang auf: in der heutigen Dominikanischen Republik baumartige Opuntien mit lockend roten Früchten, in Kuba dagegen kugelige Melokakteen, deren zylindrische Wollschöpfe (Cephalien) förmlich darum betteln, beachtet zu werden. Ob Kolumbus diese seltsamen Pflanzen in einer für ihn an Seltsamkeiten reichen Gegend überhaupt bewusst wahrnahm, geschweige denn sie ausgrub, lässt sich heute weder widerlegen noch beweisen. Die Eindrücke der örtlichen Natur jedoch, die er in seinem *Bordbuch,* zwischen Werbung und Wahrnehmung schwankend, schildert, sprechen dagegen.

Nahe Nuevitas im heutigen Kuba begrüßt er feierlich, was zu Vergleichen mit der europäischen Vegetation einlädt. Ihn faszinieren die »grünumrankten Bäume«, die den Fluss »einsäumen« und »ganz anders« aussehen als die heimischen. Dann springen ihm eine üppige Blüten- und Früchtepracht ins Auge und das »süße Gezwitscher« der »zahllose[n], gar kleine[n] Vöglein« ins Ohr. Neuweltliche Palmen fallen durch ihre Ähnlichkeit mit ihren altweltlichen Verwandten auf, und das dichte Gras versetzt zurück ins frühlingshafte Andalusien. Zuletzt bündelt er seine Eindrücke in einem Resümee voll idyllischer Beschaulichkeit: »Ich gestehe, beim Anblick dieser blühenden Gärten und grünen Wälder und am Gesang der Vögel eine so innige Freude empfunden zu haben, daß ich es nicht fertigbrachte, mich loszureißen und meinen Weg fortzusetzen. Die Insel ist wohl die schönste, die Menschenaugen je gesehen«.[1]

Menschenaugen wie diese gehören gewiss keinem Naturkundler, geschweige denn einem Romantiker, der sich von sattem Grün oder süßem Gezwitscher mitreißen und begeistern lässt. Folgt man den Lektüren, die Kolumbus zu seiner Überseereise angestiftet haben, wird man seine Faszination für eine religiöse halten müssen. Seine Erwartungen weckte vor allem Pierre d'Aillys *Imago mundi* genannte Abhandlung mit ihren theologischen Spekulationen. Tief im Osten, mutmaßte der mittelalterliche Theologe, läge die »lieblichste Gegend«, wo sich die »Meere und Länder von unseren bewohnten Gegenden« abgetrennt hätten. Da jene »bis zum Mond« aufragen würde, sei sie auch vom »Wasser der Sintflut« verschont geblieben.[2] Von d'Ailly her dürfte Kolumbus sein nautisches Kalkül bezogen haben: Wenn man nur weit genug gen Westen segelte, müsste man, der Kugelform der Erde sei Dank, dorthin gelangen, wo d'Ailly das Irdische Paradies verortet hatte. Dort, im »äußersten Osten«,[3] träfe man, wie Ernst Bloch formulierte, auf den »Frühling der ersten Schöpfung« – »ohne all das Arge, worin die übrige Welt seit dem Sündenfall liegt«.[4] So stark, wie sich bei Kolumbus neuzeitliche Wissbegier und mittelalterliche Gläubigkeit vermengten, dürfte er die »blühenden Gärten« Kubas wenn nicht als das Irdische Paradies selbst, so doch als dessen Speckgürtel aufgefasst haben.

Doch in diese Üppigkeit, wo Fressfeinde ebenso wie Gärtnerhände fehlen, passt der Kaktus weder botanisch noch theologisch hinein. Er bevorzugt bekanntlich karge und aride Gegenden, wo Braun- und Grautöne dominieren, wo Giftschlangen für steten Unfrieden sorgen, wo Gestein und Gestrüpp schon beim Anblick verletzen und pflanzliche Hungerkunst mit bloßem Auge greifbar ist. Der theologischen Wahrnehmungslogik folgend müsste man den Kaktus vielmehr zu den außerparadiesischen Pflanzen rechnen, für die die *Genesis* vor allem Abfälliges übrig hat. Als Strafe für die Kostprobe vom Baum der Erkenntnis werden die beiden ersten Menschen an zwei Pflanzengruppen verwiesen: an das »Kraut auf dem Felde«, das sie fortan als Selbstversorger kultivieren müssen, und an die »Dornen und Disteln«, die sie dabei peinigen werden.[5]

Würde der Sündenfall in Amerika spielen, gehörte der Kaktus gewiss zu diesen Peinigern, zu denen mancher Trivialname ihn heute noch rechnet. Einer zum Beispiel ist als ›Teuflisches

Ein schlangenhaft wachsender Kaktus als Baum der Erkenntnis? Die beiden Primaten nähern sich ihm wie Eva und Adam: Aloys Zötls Aquarell Der Hulock *von 1835.*

Nadelkissen‹ (*Devil's pincushion*) oder ›Pferdeverkrüppler‹ (*Horse crippler*) verrufen, weil dessen krummdolchartigen Dornen dahintrottende Weidetiere an der Fessel verletzen können. Und noch in den 1910er-Jahren behandelte der dichtenden Pfarrerssohn Paul Haller den Kaktus als Sünderpflanze, mit der sich menschliche Hinfälligkeit bibeltreu bejammern ließ. In seiner Elegie *Selig glaubst du dich, Mensch …* beklagt er die seelische Verwüstung des modernen Menschen und stellt dafür den amerikanischen Kaktus Dorn an Dorn neben die europäische Distel. Die Formel aus der *Genesis* »Dornen und Disteln« adaptiert der Vers »Disteln starren und Kaktus«. Zu beidem gesellen sich auch noch die obligaten »Schlangen« und »glotzende Augen«, und alles fügt sich bestens in die tradierten Bilderwelten christlicher Albträumereien. Sollte der moderne Mensch reuig daraus erwachen, so steht ihm, folgert Haller, der Rückweg offen ins kakteenfreie Paradies.[6]

In T. S. Eliots lyrischer Apokalypse *The Hollow Men*, die etwa zeitgleich entstand, weht zwar kein Lüftchen mehr vom Paradiese her, wohl aber löst der Kaktus vergleichbare Reflexe aus. Zunächst versinnlicht er den Bereich eines letzten, auf das vegetative Minimum geschrumpften Lebens: das »Kaktusland«. Hier regen sich nur noch die »Hand eines Toten« zum letzten Gebet und ein »verblassender Stern« zum letzten Funkeln. Zwei Strophen darauf findet sich der Kaktus plötzlich in die Mitte einer pseudomosaischen Szene gestellt und wird ebenso volksliedhaft wie inhaltsleer als Sünder herbeizitiert. Eine Gruppe letzter Menschen umrundet ihn wie ein Goldenes Kalb. Hans Magnus Enzensberger übersetzte Eliots *Prickly Pear*, der wörtlich Stachelbirne heißt, aber pflanzlich den Feigenkaktus meint, mit »Stachelbaum«. »Wir tanzen«, singen Eliots letzte Menschen, »um den Stachelbaum«, dann ringeln sie ihren Reigen weiter: »Stachelbaum Stachelbaum«, ehe sie die Stunde prüfen, die ihnen geschlagen hat: »Um fünf Uhr früh am Morgen«.[7]

Und doch ist das Gerücht, das Kolumbus als ersten Kakteenimporteur behandelt, nicht einfach verkehrt. Die Geschichte des Kaktus ist untrennbar mit dem Namen Kolumbus verbunden, und das über den trivialen Befund hinaus, ohne die Entdeckung Amerikas hätte kein Europäer jemals einen Kaktus zu

Gesicht bekommen. Vor allem lösten Kolumbus' amerikanische Reisen natur- und kulturgeschichtliche Prozesse aus, die gewissermaßen mit seiner Rückkehr nach Palos de la Frontera ihren Anfang nahmen und sich schleichend fortentwickelten, ehe sie in den 1960er-Jahren als Globalisierung offenkundig wurden.

Ihre biologische Dimension, die sich meist mit kulturellen und ökonomischen verbindet, beschrieb Alfred W. Crosby als »Columbian Exchange«[8], und von diesem kolumbianischen Austausch sah er viele größere und kleinere Organismen betroffen, die mit den Besatzern, Händlern, Emigranten oder Touristen auf Weltreise gingen und nach wie vor gehen. Mit Kolumbus begann eine klandestine Migration der Lebewesen, die ein Stückweit wieder zusammenführte, was zu Urzeiten auseinandergedriftet war: Der mehrfach geteilte Kontinent Pangäa erfuhr eine Art biologisch-kultureller Wiedervereinigung. Tomate, Mais oder Kartoffel pflügten aus Amerika kommend die Äcker und Speisepläne um. Tabak, Coca oder Zucker schufen weltweit neue Süchte und Gelüste. Pferd, Rind oder Ziege verformten amerikanische Landschaften und Kulturen. Virus, Schädling oder Unkraut lösten ungekannte Epidemien und Hungersnöte aus. Kakteen weckten botanischen Forschergeist, Sammelleidenschaften und manches Bürger- oder Künstlerglück.

Allerdings nahm dieser Austausch, Crosby zufolge, keinen wechselweisen, sondern meist einen einseitigen Verlauf: »Aus der Alten Welt segelten Hunderte von Unkrautarten in die Kolonien, wo sie prächtig einschlugen; die Pflanzen aus Amerika und den anderen neo-europäischen Gebieten hingegen, die in die andere Richtung über die Nahtlinien der Pangäa hinwegsegelten, siechten in der Regel dahin und gingen rasch ein – es sei denn, man gewährte ihnen eine besondere Unterkunft und spezielle Pflege wie im Londoner Kew Garden oder einem anderen Heim für schwer erziehbare Pflanzen.«[9]

Die Kakteen können getrost zu den reisefaulen »Vagabunden unserer Pflanzenwelt«[10] gerechnet werden. Nur 25 der heute 1851 anerkannten Arten schlugen als Neophyten auf europäischen Äckern oder Brachen Wurzeln. Die meisten verwilderten in südlichen Trockengebieten: in Spanien (19), Italien (11) und Frankreich (10). Besonders erfolgreich passten sich die wetterfesten Feigenkakteen (Opuntien) den neuen Lebensräumen an. Auf der Südseite der Alpen zum Beispiel wachsen sie inmitten von prähistorischen Felsritzungen im schneereichen Valcamonica. Dieselbe Art (*Opuntia humifusa*) trotzt auch in mindestens zwei deutschen Kolonien der kalten Winternässe: an den Steilhängen des Kaiserstuhls und am Ufer der Lahn.

Doch diese Ausnahmen bestätigen nur die eine Regel. Die Überlebenskünste, die der Kaktus im Kriechgang der Evolution hatte entwickeln können, taugten nicht für die schnelle Überfahrt. Der raffinierte Spezialist war für Europa falsch spezialisiert, weshalb ihm meistens nur ein Leben hinter Glas und in Töpfen beschieden blieb: als schwer erziehbare Pflanze, deren Wohl und Weh bis heute von den Launen des Liebhabers und dem Geschick des Gärtners abhängig ist. Zum Ausgleich schwärmten mit der Zeit immer mehr Pflanzenjäger oder Schmuggler nach Amerika aus, die die dortigen Kakteen ausgruben und nach Europa brachten, um die hiesigen Idyllen mit wilden Kakteen zu bestücken. Manche Art fiel inzwischen diesen Plünderungen beinahe gänzlich zum Opfer.

Das Aquarell entstand über 300 Jahre nach der Kolonisation Kubas. Eine Königin der Nacht mit Blüte und Frucht (wohl Selenicereus grandiflorus*), vor Ort gemalt von der Amerikanerin Anne Kingsbury Wollstonecraft (1826).*

Daran änderten auch die frühen Namen oder Skizzen nichts, die aus dem eingeschleppten Amerikaner einen urwüchsigen Europäer machen wollten. Die wohl ersten nahm Gonzalo Fernández de Oviedo 1535 in seine *Allgemeine Geschichte Indiens* auf, einer der frühsten Bestandsaufnahmen darüber, wie weit der kolumbianische Austausch auf dem Gebiet des Wissens bereits gediehen war. Bei allen Gezeichneten handelt es sich um landwirtschaftlich genutzte Arten, deren Verwertbarkeit sie vermutlich für europäische Importe qualifizieren sollte. Die *Pitahaya* fiel Oviedo wohl auf wegen der essbaren Drachenfrucht. Ähnliches lässt sich vom säuligen *Stenocereus* vermuten. Die Opuntien versprachen gleich einen dreifachen Nutzen: als Viehfutter, Fruchtpflanze und Färbemittel.

Ästhetisch erinnern diese früh Portraitierten an linkische Comicfiguren, die sich mit Dornenwesten gegen die Alte Welt verpanzert haben. Dazu passend hob Oviedo dann auch ihre heimtückische Angriffslust hervor: Beim Pflücken der Pitahayas solle »man langsam und vorsichtig zu Werk gehen, denn diese Disteln stehen in grosser Zahl beieinander und sind sehr bewehrt«.[11] Auch auf die inneren Organe müsse man achten, denn nach dem Verzehr der Früchte verfärbe sich der Urin blutrot, als wären »ganze Adern« todbringend »zerbrochen«.[12]

Doch das comicartige Design spiegelt nicht einfach ein zeichnerisches Unvermögen, dem ein Wesensmerkmal zum Ornament missrät. Vielmehr folgt es dem damals gängigen epistemischen Verfahren, das alle Erkenntnis aus Ähnlichkeitsbeziehungen zu gewinnen sucht.[13] Dessen Vorteile liegen auf der Hand: Mit ihm lässt sich nicht nur die ideelle Distanz zwischen Alter und Neuer Welt verringern und überhaupt die

Einheit der Schöpfung sicherstellen. Mit ihm lässt sich auch eine fremde in eine vertraute Pflanze verwandeln. Der Kaktus kann fraglos zu einem Europäer werden: zu einer dornigen Distel oder Artischocke.

Heute würde kein Botaniker den Kaktus zu den Disteln oder Artischocken stellen, und doch lebt die falsche Ähnlichkeit unbeirrt in der Sprache fort, die sich nicht nur – wie in Thomas Bernhards Erzählung – spielerisch, sondern auch stur gebärden kann. Wie eine altgediente Bürokratin, die ein Leben lang der zuerst erlernten Regel folgt, lässt sie noch heute Indigene als ›Indianer‹ durch Prärien reiten, deren Vorfahren nie in Indien gewesen sind und die vielfach erst europäische Reitpferde zu Nomaden machten. Ebenso weist die Sprache den Kaktus heute noch als gebürtigen Sizilianer aus und verbreitet eine längst widerlegte Abstammungslehre, die wohl in Theophrast von Eresos' *Naturgeschichte der Gewächse* ihren Ursprung hat. Vermutlich lieh die im Kapitel *Dornige Gewächse* beschriebene Artischocke dem Kaktus seinen Eigennamen: »Die sogenannte Kaktos ist aber bloß in Sicilien, und nicht in Griechenland. Es ist ein eigenthümliches Gewächs; denn unmittelbar aus der Wurzel entstehn die Stiele, die sich auf die Erde legen; das Blatt ist breit und dornig. Diese Stiele nennt man Kaktoi. Sie sind eßbar, wenn man sie abgeschält hat, nur ein wenig bitterlich; man bewahrt sie in Salzwasser auf.«[14]

Wie und wann genau der Name ›Kaktus‹ eingeführt wurde, ist nicht bekannt. Eine erste, längst nicht tragfähige Brücke bot schon 1616 der Lexikograf Georg Henisch an. In seinem Wörterbuch *Teütsche Sprach und Weißheit* listet er als Synonyme für die »Artischok« neben Strobeldorn, Welschdistel, Carduus altilis auch die Cactos auf.[15] Doch die Ähnlichkeit mit dem Kaktus legte wohl weniger die Artischocke selbst nahe als vielmehr Theophrasts Beschreibung. Essbarkeit und vegetative Vermehrung lassen sich jedenfalls auch dem Feigenkaktus bescheinigen, der vermutlich als erster nach Europa kam.

Dem irrigen Herkunftsnachweis aber setzte noch Selma Lagerlöf in ihrem Roman *Die Wunder des Antichrist* (1897) ein Denkmal. In einer Meditation über die Tücken der Heimkehr erscheinen die »grauen Kaktuspflanzen« ganz selbstverständlich als echte Sizilianer, die die gemischten Gefühle des Heimkehrers und die Zerrissenheit der Heimat ortsgetreu spiegeln. Aus der Ferne locken sie mit einem prächtigen Blütenfeuerwerk, aus der Nähe betrachtet stoßen sie ab mit karger, dorniger Tristesse.[16]

Die Distelähnlichkeit fand Mitte, Ende des 18. Jahrhunderts unter dem Stichwort »Fackeldistel« sogar Eingang ins Lexikon: »Familie der Cactusgewächse oder der Fackeldisteln, gleich ausgezeichnet durch groteske Formen wie durch die prachtvollen Blüthen«.[17] In einem einschlägigen Wörterbuch wird der Kaktus zudem als distelartiger Gebrauchsgegenstand geführt: »bey den neuern Schriftstellern des Pflanzenreiches, eine Art Amerikanischen Cactus, welche man abzuschneiden, zu trocknen, in Öhl einzutauchen und sich alsdann ihrer statt der Fackeln zu bedienen pflegt«.[18] Und nicht zuletzt hilft die Distelähnlichkeit einen launigen Disput erklären, den E. T. A. Hoffmann in seinem Kunstmärchen *Meister Floh* anzettelte: »›Was‹, fuhr George Pepusch heftig auf, ›was sprichst du von Disteln? warum verachtest du Disteln und setzest sie den Blumen entgegen? Bist du so wenig erfahren in der Naturkunde, um nicht zu wissen, daß die wunderherrlichste Blume, die es nur geben mag, nichts anders ist, als die Blüte einer Distel? Ich meine den Cactus grandiflorus.«[19] Gemeint ist hier die wohl bekannteste aller Kakteenarten: die Königin der Nacht.

Als Carl von Linné den oder, wie der latinisierte Plural noch lange lautete, die ›Cactus‹ am Ende der Frühen Neuzeit als Gattungsnamen für verbindlich erklärte, reiste der Name allmählich wieder nach Amerika zurück, um sich dort als falscher Sizilianer flächendeckend auszubreiten. Auch in Amerika wird er nun europäisch gerufen: portugiesisch oder spanisch als *cacto* oder englisch als *cactus*. Auf beiden Seiten des Atlantiks gilt der Kaktus heute dem Namen nach als Europäer.

Die Entdeckung der Wildpflanzen

Am Ende der Frühen Neuzeit kennt den wild wachsenden Kaktus in Europa so gut wie niemand. Wer ihn aufsuchen will, landet unwillkürlich bei den Kulturformen, die in den botanischen Gärten vorgehalten werden und nur von ferne an die wilden Originale erinnern. Immerhin hat aufkeimende Exotenliebe den Kaktus bereits um 1600 ein Stückweit entdämonisiert und zu paradiesischer Würde verholfen. Im Eichstätter Garten des Fürstbischofs Konrad von Gemmingen werden bereits zwei Kakteenarten glanzvoll zur Schau gestellt. Das vom Apotheker Basilius Besler erarbeitete Florilegium feiert sie als geschätzte Mitbewohner dieses Kleingarten Eden. Schon der Volltitel verheißt eine wahre Augenfreude: *Hortus Eystettensis oder sorgfältige und genaue Aufzeichnung und naturgetreue Darstellung aller jener mit einzigartigem Fleiß aus den verschiedenen Erdteilen zusammengetragenen Pflanzen, Blumen und Bäumen, die in den berühmten Gärten den Bischofssitz daselbst umgeben und dort betrachtet werden können.* Den Feigenkaktus platzierte Besler auch noch auf dem Titelkupfer.[1] Dort steht er zwar nicht am Nabel der Welt, aber etwas versteckt und schuldlos dem Lehrmeister Gott zur Seite, der dem begriffsstutzigen Adam die paradiesische Fauna und Flora zu erklären sucht.

Zu guter Letzt gerät man aber in die Fänge von Linnés botanischen Klassifikationen, die das »Pflanzenreich«[2] (*Regnum vegetabile*) wie ein preußisches Staatswesen verwalten. Statt wilder Kakteen werden dort lateinische Repräsentanten vorgehalten, die nach dem Konzept »Pflanzenehe« (*nuptiae plantarum*), also nach der Anzahl der Sexualorgane Stempel und Staubgefäß verzeichnet und geordnet werden. Nehmen wir einmal an, wir wollten in Linnés botanischer Behörde die »Cactus« aufsuchen, so würden wir uns zuerst in Zimmer 12 begeben, wo man für die übergeordnete Klasse der Icosandria zuständig ist: den »Zwanzigmännischen« oder »zwanzig Ehemännern«,[3] die ebenso viele Staubgefäße haben. Dann dringen wir vor zur Ordnung der »Einweibischen«[4] (*Monogynia*), die nur einen Stempel haben, und klopfen voreilig an beim Zimmer »Pflaumenbaum« (*Prunus*),[5] wo wir eine vor sich hin dösende Gestalt aufschrecken. Ob wir nicht, pflaumt sie uns an, das »besondere Schließen« und »Verdrehen der Blätter« bemerkt hätten, woran sich der Pflanzenschlaf (*somnus*) eindeutig erkennen lasse.[6] Behördenleiter Linné habe als Erster darauf hingewiesen, und uns Europäern müsste das Phänomen doch von den Kakteen her geläufig sein, die wir jeden Spätherbst in künstlichen Winterschlaf versetzen würden, damit sie nächstjährig blühen und weder vergeilen noch verfaulen.

Schuldbewusst fragen wir uns durch nach Zimmer 613 und betreten ein überheiztes Kabuff, wo man für die »Cactus« zuständig ist. »Kackte, die Gattung heißt Kackte«, belehrt uns der deutschtümelnde Verwalter und pocht mit dem Daumen auf die dreibändige Übersetzung der *Systema naturae per regna tria naturae*.[7] In vier Sektionen werden dort 24 Arten aufgeführt, und zwar vor allem solche, die in Mexiko und in der Karibik auf sich aufmerksam machten – in Gebieten also, die bis dahin am besten erforscht worden waren.

Der Stolz des Hortus Eystettensis*: Das Stützgitter und das beigelegte Lineal verdeutlichen die Größe des Eichstätter Feigenkaktus.*

Auf Nachfrage leiert der Verwalter alle Namen herunter, doch wir können seinem Genuschel nur wenige entnehmen: die Brustförmige, Ausgeschweifte, Wollige, Peitschenförmige,

Schmarotzende, Cochenilletragende und Indianische Kackte. Bei einer heißen die Früchte »Distelbirnen«, andere gleichen »Nadelküssen«, weil »ihre Gelenke einem Nadelküssen, das voller Nadeln steckt, ähnlich« sehen.[8] Unser Gelächter können wir jetzt kaum noch unterdrücken, worauf uns der Verwalter indigniert zur Tür geleitet. Ja, gibt er uns mit auf den Weg, die »Kackten« seien schon sonderbare Pflanzen. Man könne nur wünschen, »daß ihre noch größtentheils mangelhafte Geschichte von Reisenden, die sie in ihrem Vaterlande zu beobachten Gelegenheit haben, künftig recht genau beschrieben«[9] werde.

Linnés Wunsch fand bereits im Jahr 1799 Gehör, als Alexander von Humboldt und Aimé Bonpland nach den »Aequinoctial-Gegenden des neuen Kontinents« aufbrachen und dem Kaktus gleich drei mittelschwere Revolutionen bescherten. Die erste, längst überfällige, enttarnte ihn endlich als falschen Sizilianer: »Schon ihr Anblick«, berichtete Humboldt, »sagt dem Reisenden, daß er eine amerikanische Küste vor sich hat, denn die Kaktus gehören ausschließlich der Neuen Welt an.«[10] Die zweite ging von einem Diversitätsschock aus, der die Forschungsreisenden bei ihrer Ankunft im venezolanischen Cumaná beglückte. Zu den Auslösern gehörte auch eine »dürre Ebene« mit »säulenförmigen und candelaber-artig getheilten Cactus-Stämmen«:[11] »Wie Narren laufen wir bis itzt umher«, schrieb Humboldt an seinen Bruder Wilhelm, »in den ersten drei Tagen können wir nichts bestimmen, da man immer einen Gegenstand wegwirft, um einen andern zu ergreifen. Bonpland versichert, daß er von Sinnen kommen werde, wenn die Wunder nicht bald aufhören. Aber schöner noch als diese Wunder im Einzelnen, ist der Eindruck, den das Ganze dieser kraftvollen, üppigen und dabei so leichten, erheiternden, milden Pflanzennatur macht.«[12]

Wunder wie diese gefährden aber Linnés botanische Expertise, der sich vor allem bei den Kakteen einen Reim auf die »krankenden«[13] Zucht- oder Trockenformen in den Treibhäusern oder Herbarien machen musste. Billigt man jedoch dem »wilde[n] Schauplatz des freien Thier- und Pflanzenlebens«[14] eigene ästhetische und botanische Rechte zu, verliert Linnés »Pflanzenehe« an Überzeugungskraft. Dabei warten vor allem die wild wachsenden Kakteen mit den »sonderbarste[n] Gegensätze[n]«[15] auf, die sie »nach der Form des gegliederten Stammes, nach der Zahl der Gräten und der Stellung der Stachel«[16] ausbilden und die ihn »bald kugelförmig, bald gegliedert; bald in hohen viereckigen Säulen, wie Orgelpfeifen, aufrecht stehend«[17] erscheinen lassen.

Da taucht sie erstmals auf, die ›Gräten‹-Vielfalt des Kaktus, die Linnés Kakteen-Kabuff bald sprengen und die Gattung ›Cactus‹ zu einer vielköpfigen Familie (*Cactaceae*) anwachsen lassen wird. Im Deutschen beginnt ihre Vielfalt mit einem amüsanten Übersetzungsfehler. Hermann Hauff hatte bei »le nombre des arètes«[18], wie Humboldt zuerst auf Französisch formulierte, statt der pflanzlichen Kanten wohl zerlegte Fische vor Augen – vermutlich, weil er noch nie einen Kaktus in echt gesehen hatte. Ob Gräte oder Kante, die »ausnehmend viele[n] Varietäten«[19] verlangen jedenfalls nach einer neuen, lebensnahen Ordnung, die die pflanzlichen Physiognomien nicht als trockene Lateiner, sondern als Sehenswürdigkeiten der Natur anpreist. Dabei erfasst den Kaktus eine dritte Revolution, die aus dem distelartigen Sonderling eine kultivierte Schönheit machen wird.

Dieser Cereus *könnte auch in Holland wachsen: Flämisch gemalte brasilianische Landschaft von Frans Post (1639).*

In Humboldts kleinem botanischem Reiseführer wird die »Cactus-Form« als sechste Attraktion geführt. An ihr findet sogar die Natur selbst Gefallen, nämlich in Gestalt von durstigen Tieren, die diese »vegetabilischen Quellen der Wüste« in »den wasserleeren Ebenen von Südamerika« als Tränke nutzen.[20] Zu der »Cactus-Form« gesellen sich dann so illustre »Charaktere«[21] wie der Affenbrotbaum, der »älteste Bewohner unseres Planeten«,[22] oder die Orchideen, die »den vom Licht verkohlten Stamm der Tropen-Bäume und die ödesten Felsenritzen beleben«. Ihre Blüten gleichen »bald geflügelten Insecten«, bald den vom »Duft der Honiggefäße« angelockten Vögeln.[23] Die zittrigen Mimosen regen an zu einem Kartengruß für Daheimgebliebene: »Die tiefe Himmelsbläue des Tropen-Klima's, durch die zartgefiederten Blätter schimmernd, ist von überaus malerischem Effecte.«[24] Doch trotz aller Poesie stößt die beschreibende Sprache schnell an die Grenzen ihrer Anschaulichkeit. Diese Schwäche könnte, so Humboldt, ein »großer Künstler« beheben, der die wild wachsenden Kakteen in der »großen Tropen-Natur« erst »einzeln und dann in ihrem Contraste gegeneinander« bildnerisch erfassen würde.[25]

Der fernreisende Freiluftmaler, der fremdländische Natur wie heute Fotograf und Filmer dokumentiert, ist gewiss keine von Humboldts Erfindungen. Zuvor porträtierte bereits Frans Post die Kakteen von Niederländisch-Brasilien und wirkte auch an der *Brasilianischen Naturgeschichte* (*Historia naturalis brasiliae*) von 1648 mit. Sie sollte die Tier- und Pflanzenwelt der niederländischen Kolonie vollständig erfassen und verzeichnet bereits sieben brasilianische Kakteenarten. Humboldt selbst erwähnt den Holländer anerkennend in seiner »Weltbeschreibung« *Kosmos*.[26]

Allerdings malte Post keine Wild-, sondern typisierte Modellpflanzen, die vor wechselnden Hintergründen präsentiert werden. Den strauchig wuchernden *Cereus fernambucensis* etwa verwendete Post in neun, den baumartig verzweigten *Cereus jamacaru* in vierzehn Bildern, darunter auch im *Blick auf den Rio São Francisco in Brasilien mit Fort Maurits* (1639). Für dieses Ölbild malte Post einen gestochen scharfen Kaktus und drapierte ihn stilllebenartig neben Flaschenkürbis und Rohrkolben an die Uferböschung hin. Ein Wasserschwein hat sich verwirrt von dieser Symbiose aus Wüsten- und Wasserpflanzen abgewendet, durchaus mit Recht: Das dunstige Ambiente lässt den Kaktus nämlich nicht in Brasilien wachsen, sondern dort, wo Posts Malerauge in die Lehre ging. Ästhetisch wurzelt der Kaktus eher in holländischen Ordnungen. Von dort kommend schob Post dem fremden Land die typischen Farben der flämischen Landschaftsmalerei unter. Der Kaktus wurde so förmlich kolonialisiert: zu einem holländischen Gewächs.

Anders nehmen sich die Illustrationen aus, die Humboldt in Paris und Berlin nach eigenen Vorgaben anfertigen ließ. Mit Freiluftmalerei haben sie ebenso wenig gemein wie mit flämischen Stillleben. Vielmehr sind sie als kulturbotanische Lehrbilder angelegt, die »das große Zauberbild der Natur« in »wenige einfache Züge«[27] auflösen und den »alten Bund des Naturwissens« mit »dem Kunstgefühl«[28] beispielhaft bekräftigen sollen. Beide Lehrbilder klären über die Zusammenhänge auf, in die Humboldt auch die Kakteen gestellt sah, und bringen damit die Wildpflanzen unter die Kontrolle der europäischen Wissenschaften.

Den Schauplatz bildet die »trockene Ebene von Tapia« im heutigen Ecuador, in deren Rücken sich der »kolossale« Vulkanberg Chimborazo erhebt. Dessen Erstbesteigung hatten die höhenkranken Feldforscher am Vortag kurz unterhalb des Gipfels abbrechen müssen. Glücklich der Todesgefahr entkommen machten sie sich tags darauf an die Erforschung der davor gelegenen Ebene. Das Bild dominiert entsprechend nicht nur die Strahlkraft des damals höchsten Berges, sondern auch eine ins karge Nichts getupfte Vegetation: »Auf einer so grossen Höhe«, berichtet Humboldt, »schadet die starke nächtliche Wärmestrahlung des Bodens, bei wolkenlosem Himmel, dem Ackerbau durch Erkältung und Frost.«[29] Zusammen mit dem

Der Kaktus wächst als wilder Kulturfolger in der Ebene von Tapia: Jean-Thomas Thibaults nach Anweisungen von Humboldt erstellter Kupferstich.

Peruanischen Pfefferbaum trotzen hier zwei Kakteenarten den widrigen Umständen. Humboldt behauptet, »am Fuß des Chimborazo, in der sandigen Hochebene um Riobamba«, eine »neue Art Pitahaya, den Cactus sepium« gefunden zu haben,[30] doch diese Art, die heute als *Cleistocactus sepium* geführt wird, passt äußerlich nicht zu den Gezeichneten. Bei ihnen könnte es sich um eine zu groß geratene *Austrocylindropuntia cylindrica* und eine *Opuntia soederstromiana* handeln, doch auf botanische Exaktheit ist Jean-Thomas Thibaults kolorierter Kupferstich ohnehin nicht ausgelegt. Vielmehr zeigt er den wilden Kaktus als geselliges, ortsverbundenes Wesen: Er wächst als Kultur-

Der wilde Kaktus wird unter die Kontrolle der Geobotanik gebracht. Friedrich Georg Weitschs Gemälde von 1810 zeigt Alexander von Humboldt und Aimé Bonpland in der Ebene von Tapia.

folger seitlich der gespenstischen Schar Indigener, die sich auf den Weg zum Markt begeben haben.

Das zweite Lehrbild mit Kaktus hebt noch deutlicher die Innigkeit hervor, mit der die »Kenntniß von dem Naturcharakter« mit der »Geschichte des Menschengeschlechtes und mit der seiner Cultur« zusammenhängt.[31] Der Ateliermaler Friedrich Georg Weitsch setzte dafür ebenfalls den Chimborazo und die Tapia-Ebene groß ins Bild, gab ihnen aber mit frisch erlegtem Neuweltgeier (Kondor) und zwei Menschengruppen ein völlig anderes Gepräge. Die Kakteen bilden darin zunächst die Staffage für die linker Hand konstruierte ethnografische Szene. Dort umfrieden sie in der Art eines Kakteenzauns eine Kochstelle, wo die indigene Kartoffelmahlzeit zubereitet wird. Wehrhafte Kakteen halten den Essern den Rücken frei. Rechter Hand bilden Säulenkakteen die Stützpfeiler für ein improvisiertes Laboratorium, wo die ›gute Pflanze‹ Bonpland beim Botanisieren sitzt.

Von der einen Kakteengruppe zur andern lässt sich nun eine Brücke schlagen, die die alteingesessene und die neu angekommene Welt miteinander verbindet. Die indigene Bedarfswirtschaft tritt dabei in Kontakt mit der europäischen Erwerbswirtschaft, durch die sich Humboldts Wissenschaftsbetrieb abgesichert weiß. Die Bedeutung dieser imaginären Brücke lässt sich kaum überschätzen. Auf ihr werden fortan auch größere Mengen an Wildpflanzen nach Europa ausgeführt, die dort als käufliche anlanden und bürgerliche Blütenträume oder Sammelleidenschaften wecken werden. Für den wilden Kaktus und die indigene Bedarfswirtschaft wird dieser Abtransport nicht ohne Folgen bleiben. Auf heutigen Satellitenbildern lassen sie sich leicht erahnen. Der Vulkanberg thront zwar immer noch weiß und mächtig, doch aus der Ebene ist eine stark zersiedelte, landwirtschaftlich genutzte Fläche geworden. Vom Kaktus aber fehlt jede Spur. Leichter lässt er sich inzwischen auf europäischen Fensterbänken finden.

Zwei, die sich gefunden haben, posieren für Carl Spitzwegs Der Kaktusliebhaber.

Blütenträume in geschäftslosen Stunden

Sogar der Wanduhr ist das Ereignis nicht entgangen. Um 10 Uhr 45 hat sich die Blüte geöffnet und Beachtliches bewirkt: Der alte Schreiber hat sich aus Lustgründen von seinem Arbeitsplatz wegbegeben. Ein solcher Triumph der Neigung über die Pflicht ist in seinem langen Berufsleben wohl noch nie vorgekommen. Nun verharrt er, ganz Zuneigung geworden, vor dem kleinblütigen Kaktus, der sie wohlwollend erwidert. Zur Feier ihres Glücks erscheinen beide im Partnerlook. Der Schreiber trägt seinen Hausrock wie eine sattgrüne Pflanzenhaut, der Kaktus seine rote Blüte wie eine gutbürgerliche Trinkernase.

Carl Spitzwegs 1850/55 gemalter *Kaktusliebhaber* wird heute gern als piefig oder peinlich abgetan, ebenso die zehn verwandten Genrebilder, die auch einen Kleinbürger mit Kaktus zeigen. Dabei dokumentieren alle malerisch präzise eine für die Kakteen bahnbrechende Wendezeit. Ab 1800 sind sie verstärkt dabei, aus der amerikanischen Wildnis in die europäischen Bürgerstuben vorzudringen, um dort den erhöhten Bedarf an häuslicher Sicherheit und privaten Utopien decken zu helfen. Ihre Kultur bewährt sich als eines der Verfahren, mit denen der »Privatmann« sein »Dasein ängstlich gegen die politischen Erschütterungen rings um sich abzudichten sucht«.[1]

Für solche Abdichtungen hält der zeitgenössische Sprachschatz gleich zwei neue Fachausdrücke bereit. Den Schreiber nennt er ›Stubengärtner‹, seine Leidenschaft ›Blumisterei‹.

Das Lehnwort holt den englischen *bloomist* oder den niederländischen *bloemist* in die deutschen Wohnstuben und würdigt dessen »unendliche Neigung, ausgesuchte Floren durch Cultur [...] zu verherrlichen«.[2]

Eine wichtige Frage ließ der hier zitierte Goethe allerdings unbeantwortet: Wieso kapriziert sich der Stubengärtner nur auf ausgesuchte Floren und nicht auch auf Allerweltspflanzen wie Distel oder Hahnenfuß? Warum reizen ihn nur die »Merkwürdigkeiten weit entfernter Länder«?[3] Man liest es zu der Zeit oft: Gerade das Wilde oder Fremde, das exotische Pflanzen in die Privatsphären eintragen, kann eine »Art von Wollust« wecken und dazu verlocken, sie »mit philosophischer Ruhe« zu betrachten.[4] Der Stubengärtner dürfte dabei vor allem über eines meditieren: über die erfolgreiche Zähmung einer wilden Natur. Die Blüte bewertet er als pflanzlichen Vertrauensbeweis und Zeichen des gärtnerischen Erfolgs: als eine Art gelebter Utopie.

Wie brüchig oder durchlässig solche utopischen Abdichtungen aber bleiben, zeigt nicht zuletzt Spitzwegs Genrebild *Der Kaktusfreund*, das heute im Kunstmuseum Casa Console in Poschiavo hängt. Hier schützt nur ein windbrüchiges Gatter vor einer unheilschwanger dahindämmernden Natur. Ebenso leicht wie der natürliche könnte aber auch sozialer Unfriede in die Idyllen mit Kaktus eindringen. Darauf deutet schon der hohe rhetorische Aufwand hin, der zu ihrer Rechtfertigung betrieben werden muss. »So mancher drückende Vorfall«, liest man in der zeitgenössischen Kakteenliteratur, »läßt es uns deutlich genug gewahr werden, in welch einer verhängnißvollen Zeit das Loos unsers Lebens fiel: kann man es dem gefühlvollen Manne daher wohl verargen, wenn er unmuthsvoll

Hinter der vorgärtlichen Idylle dämmert bedrohlich eine ungezähmte Natur. Carl Spitzweg Der Kaktusfreund *von 1858.*

den Blick wegwendet, und dafür seine lieben Pflanzen hegt und pflegt, die in ewiger Ruhe und Frieden grünen und blühen? Nein, so grausam wird Niemand seyn, die Beschäftigung mit der Blumisterei in geschäftslosen Stunden eine frivole und nichtswürdige Beschäftigung zu schimpfen!«[5]

Solchen Argwohn wecken wohl weniger die »geschäftslosen Stunden« selbst als vielmehr die Verwandlung, die das Hobby – Karl Marx zufolge – beim Hobbyisten auslösen kann. »Die freie Zeit«, für eine »höhre Thätigkeit« verwendet, »verwandelt« ihren »Besitzer natürlich in ein andres Subject«,[6] nämlich in eines, das sich von der Erwerbsarbeit nicht mehr disziplinieren und sich zu Sündigem wie der Trink- oder Sexsucht und zu Müßigem wie der Kaktusliebe hinreißen lässt. Bereits der bedeutende Vorreiter aller Hobbyisten gab diesem Argwohn reichlich

Nahrung. In Laurence Sternes Roman *Tristram Shandy* nutzt der kriegsversehrte Veteran Uncle Toby sein *hobby-horse* als anstößiges Instrument zur geistig-sexuellen Selbstbefriedigung. Bei der Übersetzung ins Deutsche wurde aus dem *hobby-horse* zunächst das Steckenpferd, mit der Zweitbedeutung Lieblingsbeschäftigung. Als die freie Zeit aber anwuchs und allmählich fraglos wurde, verblieb vom *hobby-horse* nur der Stecken und das Hobby verlor seinen Schrecken. Die antreibende Libido, die sprachlich mit dem Pferd beziehungsweise *horse* angesprochen ist, verschwand aus dem Namen.

Bei Spitzwegs Schreiber führte die freizeitliche Libido tatsächlich zu einer Neuvermessung der Arbeitswelt. Der riesige Plan seiner trutzigen Heimatstadt, der Arbeitstisch, den eine samtene Decke wichtig bekleidet, der für lange Sitzzeiten aufgepolsterte Lehnstuhl, die Holztafel, auf der vielleicht ein Sinnspruch an die täglichen Arbeitspflichten und hinter der ein knittriger Merkzettel an geheime Neigungen erinnert: All diese Insignien der Arbeitswelt sind zur Feier des Kakteenhobbys nur hälftig ins Bild gesetzt. Sie haben sichtlich an Wert verloren.

Doch genau besehen beruht der Triumph des Hobbys über die Erwerbsarbeit auf einem malerischen Fehler. Niemals würde eine heliotrope Pflanze wie der Kaktus derart von der Sonne weg ins Dunkle wachsen. Zwar könnte Unkenntnis Spitzwegs Pinsel geführt haben, was bei einem studierten Botaniker aber eher unwahrscheinlich ist. Vielmehr wirkt die Szene wie für ein Hochzeitsfoto arrangiert. Die gestellten Minen und Posen ergeben eine künstliche Szene, die den Skeptiker vielleicht peinlich, den Gutgläubigen aber wehmütig berühren wird, sofern er willens ist, auch ein gezinktes Glück für ein echtes anzunehmen.

Auf das Leichtverderbliche solcher Blütenträume weist jedenfalls die Wanduhr hin. Sobald ihr Pendel zurück auf die Seite der Arbeit schlägt, wird der Ordnungsruf der Aktenbündel wieder sinn- und lustbetäubend sein. Deren Selbstsicherheit hat jedenfalls kein Staub- oder Pollenkorn trüben können: Die das Zimmer flutende Vormittagssonne taucht alles in ein staubfreies, stubenreines Licht.

Doch woher bezieht die Kaktusblüte überhaupt ihre Macht, sogar Pflichtversessene aus den alltäglichen Verrichtungen weglocken zu können? Die Frage stellt sich umso dringlicher, da es vor allem die Blüte gewesen ist, die den Kaktus überhaupt erst zum Sujet der schönen Künste werden ließ. Auch spornte sie Generationen von Züchtern an, stetig neue Hybride mit immer mastigeren Blüten zu erschaffen, als wäre der Kaktus ein Paradegaul oder preiswürdiger Rosenstock. Zwar dümpeln diese Zuchtformen lange als Langweiler vor sich hin, weil eine Pflanze der andern meist zum Verwechseln ähnlich sieht, doch am Tag X überraschen sie mit knolligen Knospen, die zu üppigen Blüten aufplatzen werden. Wenn aber sogar langweilige, ja hässliche Kakteenkörper Schönheit hervorbringen können, dann fehlt für Bewunderer nicht mehr viel zu dem letzten Schritt, die Blüte als eine Art empirischen Gottesbeweis zu empfinden: als eine Art pflanzlicher Epiphanie.

Bei Spitzwegs Schreiber lässt sich auch noch eine andere Kuriosität des Gefühls vermuten. Auch bei ihm stand der Kaktus lange da wie ein igelartiger Winterschläfer, doch plötzlich kämpfte sich eine zähe Knospe empor und triumphierte blühend über den Dornenpanzer. Solche Durchsetzungskraft regte den Geschichtsphilosophen Walter Benjamin an zu einem

Honoré Daumier karikierte 1850/60 den Kult um die Kaktusblüte. Bejubelt wird in Floraison du Cactus-grandiflorus – Jubilation générale *allerdings keine Königin der Nacht, sondern ein Bauernkaktus.*

der kühnsten Kakteenvergleiche, der veranschaulichen sollte, wie die »Blüte der Kritik« aus dem »Schrifttum der Romantiker« sich entfaltet habe: »Nicht wie die Kletterrose sich am Stamm emporrankt, sondern wie eine jener seltenen Blüten, welche hin und wieder aus einer immergrünen stachligen und wie für die Unsterblichkeit gepanzerten Kaktee brechen.«[7]

Zuletzt hilft hier gewiss auch Linnés Deutung der Blüte als pflanzliches Sexualorgan weiter. Demnach gefiele an ihr eine sublime, schmutz- oder jugendfreie Form der Sexualität, wie der Kulturwissenschaftler Gert Mattenklott spekulierte: Das sexuell »Animalische« werde »durch die Projektion ins Pflanzenleben sauberer« und lasse von einer »unbefleckten Empfängnis« träumen.[8]

Solche Träumereien weckte insbesondere die Königin der Nacht, mit der Jean Paul um 1800 den wohl ersten Kaktus in die schönen Künste einführte. In seinem Roman *Titan* löst die nächtliche Besichtigung transatlantische Gefühle aus: »Der ausländische Nektarduft, der in fünf weißen, gleichsam mit braunem Blätterwerk bekränzten Kelchen perlte, ergriff die Phantasie. Die Wohlgerüche aus dem Frühling eines heißern Weltteils zogen sie in entlegne Träume hin.« Wie bei Spitzwegs Schreiber wecken auch hier Exotisches und Heimisches die Lust auf philosophische Betrachtung, doch sie steigert sich noch zur Lust auf erotische Befühlung: »Liane strich mit leisem Finger, wie man über Augenlider gleitet, nur über die kleinen Duft-Vasen, ohne das volle Gärtchen von zarten Staubfäden, das sich im Kelche drängte, raubend anzustreifen«.

Nicht von Ungefähr legt Jean Paul die Feier der Kaktusblüte einer Figur in die Hand und in den Mund, die Liane heißt. Ihr sprechender Name schmiegt sich förmlich an den lianenhaften Wuchs des Kaktus: Gleich und Gleich gesellt sich hier gern. Doch Jean Paul lässt es dabei nicht bewenden. Vielmehr treibt er diese pflanzenartige Figur auch an die Grenzen ihrer schwärmerischen Gefühligkeit: »›Wie lieblich, wie so gar zart!‹ (sagte sie kindlich-froh) – ›Wie fünf kleine Abendsterne! – Warum kommen sie nur nachts, die lieben scheuen Blumen?‹«[9] Als Abendsterne sind die scheuen Blumen ihrer sexuellen Natur himmelweit entzogen: Kein nachtaktiver Bestäuber wird den Weg zu ihnen ins Weltall finden, keine Fledermaus in die kleinen Duft-Vasen eindringen, um den Geschlechtsakt von Stempel und Staubgefäß auszulösen.

Lianes Blütenidyll wirkt heute eher kitschig und erkünstelt, vor allem aber wie die Ruhe vor jenen Stürmen, die die nachfolgende Moderne bild- und facettenreich erkunden wird. In Heimito von Doderers Wien-Roman *Die Strudlhofstiege oder Melzer und die Tiefe der Jahre* aus den 1950er-Jahren werden dann die verniedlichten Kakteen folgerichtig Opfer einer gewaltsamen Beziehungstat.

Rekonstruiert wird sie von der Schwester der Täterin Asta von Stangeler, und sie ist es auch, die die am Tatort verbliebenen Spuren scharfinnig liest, um dabei deren Vorgeschichte zu verklären: Bis gestern standen die Kakteen noch friedlich auf dem Bücherbord. Asta erinnert sie als »skurrile und verzwickte Persönlichkeiten«, die zwar »undurchsichtige Biografien voll Überraschungen« aufwiesen, aber trotz allem ein auskömmliches Miteinander fanden. Ein Triebhafter ließ sein »Ärmchen« ungehindert »seitwärts« schießen, ohne auf Widerspruch bei seinen Nachbarn zu stoßen. Ein »stumpig« Gedrungener, der wie ein »Steinpilz« ausschaute, konnte ungehindert kindeln und sich selbstverliebt »verdoppeln«. Ein »weniger materiell Gesonnener« lebte seine künstlerischen Neigungen aus und brachte ein zweckfreies »Werk« hervor: eine »blaue Blüte«. Sie »schlug sich auf wie ein beseeltes Aug' in dieser trockenen und stachlichten Gesellschaft«.[10]

Ein botanisch kundiges Auge wird gleich die Sprengkraft bemerken, die in dieser niedlichen Gruppierung verborgen liegt. Kakteen blühen in vielen Farben: in Weiß, Grün, Gelb, Rot,

Violett, Orange, jedoch nicht in Blau. Bei dem weniger materiell Gesonnenen handelt es sich unverkennbar um eine Kunstpflanze, die sich die romantischste aller Blütenfarben angeeignet hat. Ihr Werk ist schlicht und ergreifend die blaue Blume der Romantiker. Bei diesem Blaublüher dachten die Romantiker nicht nur Wegwarte oder Kornblume, sondern auch an ihre eigenen Blütenträume, um es mit dem Ausdruck zu formulieren, den Goethe in den deutschen Sprachschatz eingebracht hat. Die blaue Blume galt den Romantikern als Sehnsuchtsblüte, mit der sich romantische Gefühle ebenso ästhetisieren wie stimulieren ließen: das stets verfolgte, aber nie erfüllte »Spiel der Möglichkeiten« mit seinem »tausendfältige[n] Überall und Nirgendwo«,[11] aber auch das unstillbare Verlangen nach wahrer Liebe oder echtem Glück.

Bei Doderer werden diese romantischen Gefühligkeiten nicht nur ästhetisch renoviert und von der Wegwarte weg auf einen Topfkaktus übertragen. Vor allem lösen sie genau jene sexuell bedingten Aggressionen aus, mit denen romantische Gefühle eigentlich nichts zu schaffen haben möchten. Der blaue Kaktus muss daher ebenso wie seine Nachbarpflanzen für jene Verletzungen büßen, die vom Kampf der Geschlechter ums Lieben und Geliebtwerden verblieben sind. »Ja, wo waren die Kakteen?«, endet diese ebenso gehaltvolle wie tragikomische Episode: »An die Wand geschleudert, einer nach dem anderen, zerberstend, zerkatschend, der Katsch gemischt mit den braunen Scherben der winzigen Blumentöpfchen.«[12]

Etwa zur selben Zeit wie Doderer ließ auch der Bargfelder Arno Schmidt die Kaktusblüte auf den Seilen des literarisch Möglichen balancieren. Doch dessen Artistik fängt überraschenderweise nicht bei einer noch zu befruchtenden Blüte, sondern bei einer bereits schwangeren Knospe an: »Innerhalb einer Woche«, heißt es in Schmidts Erzählung *Der Tag der Kaktusblüte*, »war der Auswuchs mehr als fingerlang und =dick geworden, vorn verheißungsvoll geschwollen, die weichen schlammgrünen Schuppen dehnten sich prächtig schwanger«. Zur Welt bringt die Knospe neben der Blüte auch einen ihr gemäßen Betrachter: einen Synästhetiker, der das Naturschöne gegen seine Natur verteidigt, um es als zweckfreie und fruchtlose Kunst zu retten: »und heute früh hatte sich die Blüte aufgetan, ein Grammophontrichter älteren Stils, und natürlich violett: Melodien meinte man daraus zu hören [...]; ich wehrte entrüstet den Brummer ab, der sich breit, car tel est notre plaisir, hineinspreizen wollte«.[13]

Schmidts Brummer wirkt wie ein geflügelter Wiedergänger des Schriftstellers Adalbert Stifter, der sich zu Lebzeiten ähnlich kaktusblütenversessen zeigte wie hier der Bargfelder Schmidt. Wenn beim Linzer Stifter ein Nachtblüher seinen Auswuchs zum »Grammophontrichter« öffnete, eilte er flugs zu den Nachbarn hin, um sie für das Großereignis aus dem Schlaf zu läuten. Doch Stifter feierte die Kakteen nicht nur für ihre Blüten, sondern auch für ihre äußere Erscheinung und entdeckte an ihnen eine neue, phänomenale Facette: eine ihnen eigene Ästhetik als gesammeltes Massewesen.

Mysterien in überhitzten Räumen

Das Interieur zeigt den Schriftsteller als kunstsinnigen Kakteensammler. Verschnörkelte Stilmöbel, ein einfaches Ruhebett, Staffeleien mit halbfertigen Gemälden rahmen das Kerngebiet dieses »Autorkäfig[s]«[1]: ein »Schreibtisch in Sarkophagform, auf Delphinen ruhend, mit Karyatiden und Statuetten reich verziert«[2]. An ihm sitzt ein fülliger verschwitzter Mann, der eben seinen Blick nach den drei Südwestfenstern gewendet hat. Dort stehen sie, hinter Glasverschlägen dicht an dicht aufgereiht: eine Zweihundertschaft Kakteen, die sich ihre gezackten und gerillten Bäuche von der Mittagssonne bescheinen lassen. »Wozu mich noch im Sommer die Cactusnarrheit überfallen hat«, schreibt Stifter an einen befreundeten Juristen, »in der Malerei habe ich 13 Bilder seit 8 Jahren angefangen und keins vollendet, nur die Cactus werden jetzt sehr gut gewartet und bewundert«.[3]

Das Linz der 1850er-Jahre kennt bereits mindestens drei Vertreter dieses recht jungen Menschenschlags, der neben dem Hobbyisten viel zur Popularisierung und Ästhetisierung des Kaktus beigetragen hat: der Privatsammler aus Leidenschaft. Typen wie Stifter, der Kassendirektor Josef Schaller oder der Lederhändler Alois Kaindl befreien den Kaktus von »der Fron«, einen »Gebrauchswert«[4] zu haben: sei es als Nutzpflanze wie vermutlich die ersten, die nach Europa kamen, sei es als Schaupflanze wie die in den botanischen Gärten, sei es als fürstliche

Trophäe wie die im Eichstätter Kleingarten Eden. Stärker als der wirtschaftliche oder repräsentative Nutzen zählt nun die affektive Bindung, die sich jedoch nicht wie bei Spitzwegs Hobbyisten nur an einzelne Kakteen heftet. Beim Sammler macht auch die Masse den Affekt, der es leicht »zur Sucht« werden lässt, »alle Sorten zu besitzen, die nur aufzutreiben« sind, wie die zeitgenössische Kakteenliteratur zu berichten weiß. Man sehe, heißt es weiter, »auch bei Privatpersonen, welche kein Gewächshaus haben und ihre Pflanzen im gewöhnlichen Zimmer halten, in sehr kurzer Zeit eine Sammlung bis zu 200 und mehr Sorten anwachsen«.[5]

Wer nun meint, dem Kaktus wohne ein Zauber inne, der aus Liebhabern passionierte Sammler mache, sieht sich rasch getäuscht. Die Kakteenliteratur rechnet ihn zwar zu den »Modepflanze[n]«, aber auch zu den »langweilig[en]« Gewächsen.[6] Die Reize des Kaktus verfangen demnach wenn, dann auf den zweiten Blick oder vielleicht auch gerade deshalb: aus Langeweile. Genau dies legte der Kultursoziologe Siegfried Kracauer Mitte der 1920er-Jahre nahe, nämlich die Geburt eines Kakteensammlers aus dem Geist der Langeweile. Für den Erfolg braucht es nur ein heilsames Zweierlei: einen sonntäglichen Überdruss und eine schrullige Sukkulente.

An einem blauen Frühlingstag, wenn draußen alle Welt einen frischen Zipfel Glück zu erhaschen sucht, hockt drinnen ein Mensch und vergeht vor Langeweile. Sein Blick irrt lustlos durch die Wohnung, bis er zufällig an der »Unsinnigkeit eines Kaktus-Pflänzchens« hängen bleibt, »das nichts dabei findet, daß es so schrullig ist«. Dies unsinnige, aber selbstsichere Wesen spiegelt überraschend freundlich die eigene Befindlichkeit:

eine »innere Unruhe ohne Ziel«, ein »Begehren, das zurückgestoßen wird«, einen »Überdruß an dem, was ist, ohne zu sein«. Vielleicht weckt das seltsame Spiegelbild auch noch eine narzisstische Freude. Könnte die Sukkulente nicht genau dasjenige aufgespeichert haben, was man seit Jahren schon vermisste: eine »große Passion«?[7] Ließe sich diese nicht mit jedem neuen »Pflänzchen«, das man sich beschafft, neu entfachen? Gewiss, der Reiz des Neuen stumpft bei wiederholtem Gebrauch rasch ab, doch das ficht den künftigen Kakteensammler nicht an. Seine Besessenheit wächst mit den Wiederholungszwängen. Jeder Neuling verspricht eine ersatzweise Erfüllung der auf ihn projizierten Wünsche. »Die Pflege dieser merkwürdigen Gewächse«, urteilte der ältere Stifter, »hat für mich in meiner Einsamkeit etwas Reizendes und Seelenerfüllendes, da mir das Gedeihen und wundervolle Blühen dieser Gewächse den Umgang mit Menschen ersetzt.«[8]

Die soziale Dimension gesammelter Kakteen bestätigte unlängst auch die jüngere Dreigroschenliteratur. Folge 1691 von Andreas Kufsteiners *Bergdoktor* (2013), der seine krude Moral offen ausposaunt: *Zerstör kein fremdes Eheglück. Ergreifender Roman um Liebe und Verzicht*, überrascht mit einer stolzen Kakteensammlerin. Ihre »Dachgeschosswohnung«, liest man nichtsahnend, habe sie »behaglich eingerichtet«: Eine »Rosentapete« simuliert ewige Frühlingsgefühle, die »Möbel aus warmem Kirschholz« unverbrüchliche Herzenswärme und ein »Aquarell« einer »kleinen Kirche« das ersehnte Familienglück, denn es zeigt den Ort, wo die »Eltern getraut worden waren«. Doch dann platzt in diese hergerichtete Idylle eine kleine Kakteensammlung, von der mit gespielter Pragmatik berichtet

Zwar kein »Borstenstachel-Kaktus«, aber eine gelb blühende Opuntie. Aquarell von Herman Saftleven (1683).

wird: »Anja liebte Pflanzen, hatte allerdings festgestellt, dass sie nicht gerade einen grünen Daumen besaß. Nur Kakteen gediehen unter ihrer Pflege prächtig. Ihr besonderer Stolz war ein texanischer Borstenstachel-Kaktus, der leuchtend gelb blühte.«

Genau besehen sollen Anja Helmstätters gesammelte Kakteen die Lücke stopfen, die das alltägliche Begehren zwischen Wunsch (Kapellen-Hochzeit) und Wirklichkeit (Single-Haushalt mit Rosentapete) als schmerzlich empfindet. Dafür lässt es sich sogar von botanischem Nonsens betören. Ein Borstenstachel-Kaktus, so leuchtend gelb er auch blühen mag, wächst weder in Texas noch auf Fensterbrettern, sondern nur im Nirgendwo des Imaginären. Doch der Sammlerin genügt der Glaube an ihr bestes Stück, um sich, wie Philipp Blom idealtypisch formulierte, »einen Weg aus der Begrenztheit und Armut dieser Welt« in »eine reichere, größere, eine Welt der Geschichte und der Schönheit, der Authentizität, der Ruhe und der Gelassenheit, eine Welt der absoluten Harmonie« weisen zu lassen. Anja, die Kakteensammlerin, ist eine durch und durch sozialromantische Utopistin, die sich mit ihren Kakteen »ein Bollwerk gegen die Sterblichkeit« errichtet hat.[9]

Stifters Ersatzbefriedigungen liefen hingegen auf eine neoklassizistische Utopie hinaus. Ihr hat er mit seinem Roman *Der Nachsommer* ein »große[s] Buch voll pflanzenhaft langsamer Befindlichkeiten«[10] gewidmet und darin ein »nach den Vorstellungen eines Angstmenschen geordnetes und eingerichtetes diesseitiges Paradies«[11] entworfen. In ihm kann das Surrogathafte des Sammelns zur eigentlichen Erfüllung werden.

Damit der Kaktus aber zum Lustobjekt für Sammler werden kann, muss erst einmal eine hinreichend hohe Zahl an Arten und Einzelstücken verfügbar sein, getreu der simplen Regel: Floriert der Handel, blüht die Sammlung und umgekehrt. Als Antreiber wirkt dabei aber genau jener wirtschaftliche und technologische Fortschritt, den Stifter eigentlich aus seinem geld- und angstbefreiten Paradies heraushalten möchte. Erst Dampfschiffe und beheizbare, lichtdurchlässige Gewächshäuser können den Kakteensammler überhaupt mit ausreichend Sammlerstücken versorgen. Die Botanik flankiert diesen Fortschritt mit einer Expertise, die stetig neue, sammelnswerte Raritäten auf den Markt zu bringen hilft: 1828 listet Augustin Pyrame de Candolle 162 Arten auf, knapp 10 Jahre später springt sie bei Ludwig Georg Karl Pfeiffer auf 422. Joseph zu Salm-Reifferscheidt-Dyck dokumentiert begleitend zu seiner berühmten Sammlung zunächst 223, dann 15 Jahre später schon 568 Arten.

Doch auch ästhetisch verändert der Kaktus als gesammelter seine Erscheinung. Als in die Enge getriebene Vielfalt wird er zu etwas Ausgestelltem oder Musealem: zu einem Kontinent in tausend Töpfen, der sich ohne kräftezehrende Fernreisen spielend leicht besichtigen lässt. Die australische Malerin Lucy Culliton hat ihn 2004 ausschnittsweise ins Bild gesetzt.

Stifters Gärtner bietet dafür eine vollumfängliche Erklärung an: »Da wir eingetreten waren«, heißt es in einer frühen Fassung vom *Nachsommer*, an der der Kakteensammler Stifter sorgsam feilte und schliff, »erblikte ich eine Sammlung von weit über hundert Cactusarten es war eine Anzahl von mehr als tausend Töpfen.« Wie in einem Museum hat der Sammler die Kakteen aufgestellt und das merkwürdigste aller »Pflanzengeschlechter« so zur Besichtigung freigegeben. Auf den

Im Gedränge der Sammlungen wird der Kaktus zum Massewesen. Gemälde von Lucy Culliton (2004).

Besucher wirkt es zunächst wie eine gleichförmige Masse, ehe der Gärtner ihn über seinen ungeschulten Blick aufklärt. Wenn man »nur recht lange« mit den Kakteen Umgang pflege, würden sie sich wie von selbst in individuelle Schönheiten verwandeln. Dabei können gerade jene Eigenschaften hervortreten, die bislang meist als verletzend, merkwürdig oder hässlich ausgegrenzt wurden. Bei Stifter erscheinen wohl erstmals die Dornen als bewundernswert: Sie »haben verschiedene Farben, schimmern u glänzen, stehen bald wie schöne Zierden geordnet, oder ragen bald wie trozige Speere gegen die Feinde«. Gerade im engen Raum der Sammlung offenbaren die Kakteen eine eigene, strukturelle Ästhetik. Die »Rippen die Höker die Zizen die Augen sind bald so bald anders gestaltet, die Wolle ist bald an den Rändern bald in den Achseln, die Farbe des Körpers ist bald blaulich bald hellgrün bald grau bald angelaufen wie Stahl, u die Blüthen wunderlich wie Märchen«.[12]

Stifter selbst legte für seine eigene Sammlung ein *Cacteen= Umsezungsverzeichniß* an, in dem er sie knapp zehn Jahre lang auf Gedeih und Verderb dokumentierte: Artnamen, Bezugsquellen, Substrate, Wetterwechsel, Schatten- oder Sonnenstände. Wenn ein Kaktus verdorrte oder verfaulte, notierte er Todesanzeigen gepaart mit Selbstvorwürfen: »Gestorben im November«, »todt. auseinandergeschnitten aus unverstand«, »umgebracht«.[13] Doch der Tod sollte nicht das letzte Wort behalten, ihm vielmehr ästhetisch der Stachel gezogen werden. Die Kakteen seien, urteilte Stifter, »die Kristalle der Pflanzenwelt«[14]. Abseits der Blüte hob er damit jene strukturbildenden Elemente hervor, die im Gedränge einer Sammlung besonders aufzufallen pflegen: Speere, Rippen, Höker, Zizen. Ästhetisch machen sie aus den Kakteen etwas Anorganisches, das wie resistent erscheint gegen die organische Vergänglichkeit. Blätter vertrocknen, Blüten verwelken, aber Dorn und Körper bleiben: als sammelbares Muster an mineralischer Beständigkeit.

Doch auch abseits des Kristallinen führten die Sammlungen

zu neuen Ästhetisierungen. Der als Einzelner kaum Beachtete stieg als Massewesen auf zur geachteten Sinn- und Symbolfigur. In Gustave Flauberts *Madame Bovary*, 1857 im selben Jahr wie Stifters *Nachsommer* erschienen, ersetzt der Kaktus nicht nur die Rose als Pflanze der Liebe, sondern wird auch als Sensor herangezogen, um den Stand der Gefühle quasi objektiv anzuzeigen.

Seinen ersten Auftritt hat der Kaktus inkognito bei einer Charakterisierung Emma Bovarys. »Alles, was sie direkt umgab, langweiliges Ackerland, schwachsinnige Kleinbürger, Mittelmaß des Lebens, schien ihr eine Ausnahme auf der Welt, ein besonderer Zufall, in dem sie gefangen saß, und jenseits davon erstreckte sich ins Unendliche das weite Land von Seligkeit und Leidenschaft.« Das Psychogramm der verheirateten Kleinbürgerin zeichnet ziemlich präzise ihren inneren Grundkonflikt, an dem sie schlussendlich zerbrechen wird. Umso überraschender wirkt das schroffe Urteil, das Flauberts anonymer Erzähler anschließend fällt: »Sie verwechselte in ihrem Begehren die sinnlichen Genüsse des Luxus mit den Freuden des Herzens, die Eleganz der Lebensart und die Feinheiten des Gefühls. Brauchte die Liebe nicht, indischen Pflanzen gleich, vorbereitete Böden, eine besondere Temperatur?«[15]

Mit den »indischen Pflanzen« sind hier nach kolumbianischer Logik Kakteen gemeint, und tatsächlich bekommt Emma später solche statt Rosen als Liebesbeweis geschenkt. Den Schenkenden warnen sie aber in der ihnen eigenen Sprache vor dieser Affäre, und zwar just in dem Moment, als die *Schwalbe* genannte Postkutsche unabwendbar der Liebschaft entgegenfährt: »als das Buch eines Romanciers die Kaktus-Närrischkeit in Mode brachte, kaufte Léon welche für Madame, hielt sie in der *Hirondelle* auf den Knien und stach sich die Finger an ihrem borstigen Haar«.

Welcher Romancier damals die »Kaktus-Närrischkeit«, also »la manie des plantes grasses«, also diesen Fettpflanzen-Fimmel auslöste, ist bislang nicht ermittelt worden. Bereits die frühe Flaubert-Forschung machte aus ihrer enttäuschten Neugier keinen Hehl. Vielleicht gab Flaubert einfach Augustin Pyrame Candolles viel beachtete *Geschichte der Fettpflanzen* (*Histoire des plantes grasses*) als fiktionales Werk aus. Zu diesen Fettpflanzen oder Sukkulenten werden botanisch ja auch die Kakteen gerechnet.

Das Geschenk widerlegt nun aber rückwirkend den mit den indischen Pflanzen angestrengten Vergleich. Die Kakteen stiften nämlich kein erfülltes Begehren, sondern nur dessen komische Simulation. Die Liebe kommt über die Pflege von Pflanzen nicht hinaus. Emma »ließ am Fenster für ihre Töpfchen ein kleines Blumenbrett mit Gitter anbringen. Auch der Kanzlist hatte bald sein hängendes Gärtlein; sie erspähten einander, wenn sie an ihren Fenstern ihre Pflanzen umhegten«.[16]

Die Kakteen kommentieren aber nicht nur die falschen Vorzeichen, sondern auch das unerbittliche Ende dieser aus engster Moralität und höchsten Erwartungen gestrickten Affäre. Bei einem Wiedersehen nach Tagen der Entfremdung müssen wiederum diese Pflanzen über den Stand der Gefühle aufklären. »›Und unsere armen Kakteen‹«, fragt der Kanzlist, »›was ist aus ihnen geworden?‹« Emmas Antwort gilt auch hier den Pflanzen und ihr selbst: »›Die sind im Winter erfroren.‹« Die nachfolgende, sentimentale Schwärmerei des Kanzlisten be-

In der amerikanischen Wildnis würde dieser Kaktus nicht derart lotrecht zur Sonne wachsen. Aquarell von Toni Gürke.

Für die samtenen Farben sorgt die von Redouté verfeinerte Technik des Punktierstichs. Auch ›Fackeldistel‹ oder ›Cierge du Pérou‹ genannter Cereus repandus *aus Candolles* Histoire des plantes grasses.

siegelt ein Frauenleben, das im Falschen kein Richtiges finden konnte und das den erfrorenen Kakteen bald nachfolgen wird: »›Ach! was habe ich an sie gedacht, wahrhaftig! Oft sah ich sie vor mir wie einst, wenn im Sommer morgens dic Sonne auf den Jalousien stand ... und ich Ihre beiden bloßen Arme erblickte, zwischen den Blumen.‹ ›Armer Freund!‹ sagte sie und reichte ihm die Hand.«[17]

Die gesammelten Kakteen hinterließen sogar in der botanischen Portraitmalerei deutliche Spuren. Als um 1900 Toni Gürke für das schmucke Periodikum *Blühende Kakteen*[18] kolorierte Kakteen zeichnete, standen ihr die Treibhauspflanzen Modell, die sich im Berliner Botanischen Garten angesammelt hatten. Gürke gab objektgetreu alle zuchtbedingten Artefakte als arttypische Merkmale wieder und malte teilweise von Lichthunger gezeichnete Pflanzen: Kugelkakteen präsentierte sie als hochgeschossene Säulen, die sich vergeblich nach stärkerem Sonnenlicht gereckt hatten. Anderen hatte der berlintypisch wolkenverhangene Himmel die Lust am Dornenwuchs genommen. Auf Gürkes Bildern tragen sie ein kulturtypisch löchriges Dornenkleid.

Ein halbes Jahrhundert vor Gürke hatte sich der Lilien- und Rosenmaler Pierre-Joseph Redouté noch für ein anderes Verfahren entschieden. Auch er benutzte gut bestückte Treibhäuser als Atelier, nämlich die kaiserlichen Sammlungen von Malmaison,[19] doch Redouté suchte offenbar durch Drehen und Wenden der Töpfe die besten aller möglichen Kakteen zu erschaffen. Bei ihm stören in der Regel weder Verkrustungen noch gebrochene Symmetrien noch Verwachsungen die Harmonie der farbenfroh schwebenden Sammlerstücke. In der bereits erwähnten *Geschichte der Fettplanzen* von Candolle, wo Redoutés Treibhausmalerei größtenteils erschien, ergeben sie eine Schau der fittesten Kakteenteile, die die künstlerische Selektion für bildwürdig hielt. Die botanische Typisierung gerät zur farb- und formschönen Idealisierung: zu einer Art ästhetischem Darwinismus.

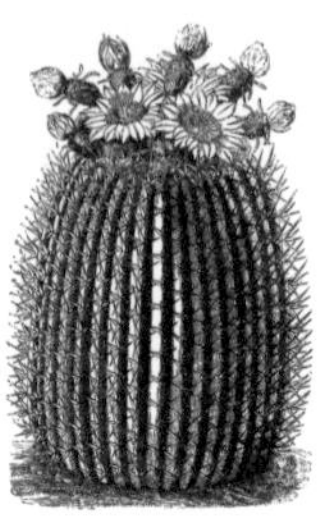

Mythen für den Hausgebrauch

Kehrt der Kaktus aus den europäischen Idyllen in seine Heimatländer zurück, kommt er dort nicht als derjenige an, der er vor seinem Abtransport gewesen ist. Ästhetisierung und Musealisierung gingen nicht spurlos an ihm vorüber, und der ehedem Wildwüchsige findet sich als europäisch Verformter in allegorischen Landschaften wieder. Bestes Beispiel dafür sind Karl Mays als Reiseberichte getarnte Abenteuerromane mit ihrem verwegenen Versuch, ein verworfenes und verworrenes Amerika mit den Mitteln der Kunst zu retten. Mays messianischer Hedonismus lässt dort entsprechend die moralisch besten aller möglichen Kakteen wachsen, so zum Beispiel im *Old Surehand I*.

Ein beschwerlicher Monatsritt führt uns durch eine felsige Hochlandschaft, ehe sich vor uns eine schwindelerregende Schlucht abgrundtief öffnet. »Gigantenfäuste« hätten sie in den Fels gehauen, erklärt uns unser Reisebegleiter May. Ein schmaler Pfad schlängelt sich steil zum Fluss hinab, als wäre er nur getreten worden, um die Abgründigkeit der Schlucht theatral zu steigern. Unten, im rauen Flussbett, strömt dickes Wasser »wie schwarze Tinte«, als wäre es direkt von Mays Radebeuler Schreibtisch abgeflossen. Ehe wir ihn zur Rede stellen können, was er mit diesem Vergleich eigentlich bezweckt, weist er uns eilig auf »die Riesenkaktus« hin, die dort »am Felsenrande« stehen. Sähen die nicht aus, als hätten höhere Mächte sie dort hingepflanzt? Tatsächlich könnte man sie für Evangelisten hal-

Westernkakteen (Carnegiea gigantea) *in der Sonora-Wüste (Arizona).*

ten, die das Erlösungswerk des berittenen Messias Old Shatterhand bezeugen und verkünden sollen.[1] Von unserem Hinweis geschmeichelt wirft sich May mit Bärentöter und Henrystutzen in Pose: Old Shatterhand, ruft er aus, das bin doch ich, und schießt ein Selfie vor mythisch verwischtem Hintergrund.

Der Name der Schlucht ist für Mays verwilderten Westen Programm: Mistake-Cañon. Dort soll eine gut gemeinte Kugel statt des befeindeten einen befreundeten Indianer getötet haben. Der Fehlschuss streckte aber nicht einfach nur den Falschen nieder, sondern auch die gefestigte Ordnung von Gut und Böse, deren Durcheinander er mythisch erklären hilft. Seit jenen Tagen treiben dort Gut- und Bösewichte zwillingshaft ihr Wesen. Mal verfällt das Gute der Macht des Bösen, mal das Böse der List des Guten, und am Ende droht der »Schlund« der Schlucht alles – ohne Ansehung seiner Güte – drachenartig zu verschlingen.[2]

Aber die Kakteen verbreiten Hoffnung. Als Gehilfen des Helden tragen sie dazu bei, den Fehlschuss nachträglich zu korrigieren und den Wilden Westen zeitweise zu zähmen. Das nötige Handwerk hat man ihnen in Europa beigebracht, am Lehrbuch hat Alexander von Humboldt mitgeschrieben, das Patentrezept kennt man aus heutigen Actionfilmen: Je aberwitziger die Technik, die eingesetzt, je spektakulärer die Kräfte, die entfesselt werden, desto höher, aber auch zweifelhafter fällt der Sieg über das Böse aus. Er steigert sich mit der Zahl der ausgestoßenen »Uff, uffs«: mit dem Grad der Verblüffung oder Überrumpelung.

Doch selbst die effektvollsten Triumphe laufen selten glatt. Insbesondere beim Kaktus scheint sich May öfter in den örtlichen Gegebenheiten verschätzt zu haben. Der Stoff, der den

Wilden Westen als beherrschbar bemänteln soll, gerät einen Tick zu kurz und am Saum lugen ungewollte Fehler hervor. Sie lassen den berittenen Messias Old Shatterhand ins Leere treten wie einen nach dem Boden der Tatsachen suchenden Träumer.

Wenn zum Beispiel sein Rappe Melokakteen als Pferdetränke nutzt, erweist er sich durchaus als gelehriger Leser Humboldts, der als erster Europäer vom Geschick der venezolanischen Maultiere berichtet hat. Diese würden die Dornen mit dem Vorderhuf zur Seite schlagen, um »die Lippen behutsam zu nähren und den kühlen Distelsaft zu trinken«. Humboldt hob allerdings auch die Heimtücke »dieser lebendigen vegetabilischen Quelle[n]« hervor, deren scharfe Dornen die Maultiere verletzen und lähmen können. Nicht wenige würden hinkend durch die Gegend traben.[3] Mays Rappe beweist jedoch eine nahezu überpferdliche Meisterschaft: »Gras gab es hier freilich nicht; dafür aber standen zwischen den Riesenkakteen genug Melokakteen, welche Futter und Saft in Fülle lieferten. Mein Rappe verstand es, diese Pflanzen zu entstacheln, ohne sich zu verletzen.«[4]

Wie der Rappe so der Reiter, möchte man meinen, doch die Überpferdlichkeit tritt pflanzengeografisch ins Leere. In den heutigen Südstaaten der USA, wo Mays *Old Surehand* spielt, wachsen keine Melokakteen. Ross und Reiter entpuppen sich ungewollt als Scheinriesen einer heroischen Könnerschaft, die aus amerikanischer Nahsicht in sich zusammensackt. Aus der Fernsicht des Autors jedoch sorgt für den Triumph ein Kunstgriff, der aus mythischen Erzählungen geläufig ist: Die Beherrschung riskanter Situationen gelingt durch die Verblüffung eines trickreich überrumpelten Gegners. Mays Bösewichte rechnen meistens weder mit dem altweltlichen Vorsprung des (Kakteen-)Wissens noch mit dessen methodischer Fragwürdigkeit. Die Erfolge des Guten fußen auch auf dem Mythos aufklärerischer Unfehlbarkeit.

Diese Tendenz bekräftigt das Kapitel *In der Kaktusfalle*, wo den Pflanzen quasi polizeiliche Aufgaben übertragen werden. Vermutlich stand dafür Humboldts Bericht von einer Verfolgungsjagd in den Kakteenfeldern von Cumaná Pate.[5] Bei May sollen die Kakteen in labyrinthischer Aufstellung eine hart umkämpfte Oase mit pflanzlicher Intelligenz beschützen helfen: Unbefugte setzen sie fest, Befugte lassen sie passieren. Die ausgebuffte Anlage bemerkte auch der spitzfindige May-Leser Arno Schmidt: »Störend sind natürlich auch ›die Kaktusflächen‹, frischer & trockener immer durcheinander; wer ihre Lage, Ausdehnung & Beschaffenheit nicht kennt, der kann so in die Irre geraten, daß er sich nicht wieder herausfinden kann, (SUREHAND I, 317; das 3. Kapitel heißt deswegen auch schlicht ›In der Kaktusfalle‹; ›Kaktus‹; ›Phalle‹).«[6]

Den Erfolg der Falle sichert aber kein bloßes Durcheinander, sondern ein mythisches Zweierlei, das wiederum durch seine Unwahrscheinlichkeit verblüfft: Die praktisch unmögliche Großtat eines heroischen Gärtners, der zahllose Kakteen planvoll anzupflanzen und sicherheitsdienstlich zu schulen vermochte, profitiert von der Tumbheit des Bösen, das nicht mit der List und der Tücke des Guten rechnet und sich blind in eine Pflanzenfalle locken lässt.

Das größte Spektakel aber entfesselt May in *Winnetou der Rote Gentleman* (1893). In Brand gesetzte Totpflanzen werden dort nach angelesenem Wissen als Regenmacher eingesetzt:

»Wenn in den glühenden Niederungen der Halbinsel Florida die jedes Wasser verzehrende Hitze so groß wird, daß Mensch und Tier verschmachten will, und dennoch die Erde bleibt wie ›flüssiges Blei und der Himmel wie glühendes Erz‹, ohne die kleinste Wolke sehen zu lassen, so stecken die verschmachtenden Leute das Schilf und alles sonstige ausgedorrte Gesträuch in Brand, und siehe da, der Regen kommt.«

Die heutige Meteorologie kennt das hier bemühte Phänomen von sogenannten Pyrocumulus-Wolken her, die sich über Megafeuern ausbilden und abregnen können. Wie aber vollständig ausgedorrte Kaktusstauden in trockenster Wüste künftiges Regenwasser verdunsten sollen, hütet Mays Mythos als Berufsgeheimnis. Aufkommende Zweifel erstickt ein filmreifer Aktionismus. Der entfachte Präriebrand jagt nämlich mit »donnerndem Getöse« über die Ebene und verwandelt sie in eine wahre »Kaktushölle«. Die entflammten Trockenpflanzen zerplatzen mit einem dem »Büchsenschuß« ähnlichen Knallen, als würde ein »ganzes Armeecorps« sich in »Einzelgefechte« auflösen: »Die Lohe stieg himmelan, und über ihr wehte und zitterte ein Meer von glühenden Dünsten, durchschossen und durchflogen von den Kaktussplittern, welche von der Hitze wie Pfeile emporgeschnellt wurden.«[7]

Auch im filmischen Western, den – wenige Jahre nach Karl Mays literarischen Western – *Der große Eisenbahnraub* (*The Great Train Robbery*) als Genre begründen wird, macht der mythische Kaktus Schule. In Dienst genommen wird eine der populärsten Kakteenarten, die nicht von ungefähr den Trivialnamen ›Westernkaktus‹ (*Carnegiea gigantea*) trägt. Wenn sich in Delmer Daves *Der gebrochene Pfeil* (*Broken Arrows*) Held und

Eine baumartige Opuntie in romantisierter Landschaft, 1887 gemalt von José María Velasco.

Kaktus begegnen – der eine schwer dahintrabend unter der Last unerfüllter Aufgaben, der andere Sympathie heischend mit hochgestreckten Armen –, so fängt die Kamera beide ein wie zwei Akteure einer mythischen Geschichtlichkeit. Für den Moment ihrer Begegnung wirkt es so, als stünde dem Reiter noch bevor, was der Kaktus längst hinter sich hat: eine erlösende Metamorphose. Nur in einen Kaktus verwandelt, so scheint es, wird der Held jenen Mächten entkommen können, die ihn zum ewigen Nomaden machten. Nur als ortsfester Kaktus wird er bei Filmende nicht immer neuen Heldentaten entgegenreiten müssen.

In John Hustons Western *Denen man nicht vergibt* (*The Unforgiven*) gerät indessen wieder der mythische Stoff einen Tick zu kurz. In einer der Schlüsselszenen wählte Huston baumartige Opuntien als Kulisse für einen Totenwald, in dem ein ungesühntes Massaker gespenstisch am Leben blieb. Dort jagen nun die unwissenden Nachfahren der Täter einen greisen Zeitzeugen, der hinter Staub- und Nebelschwaden krakeelt wie ein Abgesandter des Jüngsten Gerichts. Seine Botschaft bestätigen die hellwachen Opuntien: Ungesühnte Schuld vererbt sich von den Tätern auf die Kinder. Die Kakteen staffieren hier ein generationsübergreifendes Unbewusstes aus, das den Film jedoch – wie die menschliche Seele – nicht Herr im eigenen Hause sein lässt. Die faszinierend düstere Szene wurde im mexikanischen Bundesstaat Durango gedreht, wo eine Kolonie von *Opuntia durangensis* eine großartige Kulisse bot. Der Film spielt jedoch im sogenannten Pfannenstiel von Texas, wo diese Art nirgends anzutreffen ist.

Man kommt dem mythischen Kaktus aber auch ohne pflanzengeografische Spitzfindigkeiten auf die Schliche. Schonungslos entlarvt er sich dort, wo Westernmythen ihre Überzeugungskraft längst verloren haben, aber noch für zitierfähig gehalten werden. Für die Karl-May-Verfilmung *Winnetou und Shatterhand im Tal der Toten* (1968) wählte man als Drehort das jugoslawische Karstgebiet Popovo polje. Da dort natürlich keine Westernkakteen wachsen, behalf man sich mit blassgrünen Attrappen, die im Film für einen ungewollten Verfremdungseffekt sorgen. Das Pferdegetrappel lässt sie zittern wie tattrige Relikte einer längst verblichenen, mythischen Lebendigkeit.

Doch Totgesagte leben bekanntlich länger. In den 2000er-Jahren reiste die Kaktusattrappe aus Popovo polje förmlich zurück zu den pflanzlichen Originalen. Im Saguaro Canyon, Tucson, Arizona, tarnt sie einen Mobilfunkmast, der statt ›indianischer‹ nun digitale Rauchzeichen sendet. Robert Voit hat ihn in seiner Fotoserie *New Trees* (2006) über amerikanische Funkbäume porträtiert, die den modernen Mythos ubiquitärer Konnektivität als naturgegeben kaschieren. Die Technik gibt sich dabei aus als ökologisch korrekte Natur.

Wie wandlungsfähig solche Mythen des Alltags aber sind, beweist ein Blick zurück ins Jahrhundert davor. In den 1920er-Jahren hielt man sich an das genaue Gegenteil und begriff die Natur als die ästhetisch korrekte Technik. Aber auch für diesen Mythos musste der Kaktus als pflanzliches Beweisstück herhalten.

In Paul Klees Aquarell Kakteen *rebelliert farbiger Wildwuchs gegen die ästhetische Dressur.*

Sachliche Exoten

Im vierten Jahrhundert nach Kolumbus ist es endlich so weit: Aus dem Kaktus ist eine kleine europäische Berühmtheit geworden. Ob im Vereinswesen oder in Bürgerhäusern, in Reiseberichten oder Versen, ob auf Gemälden, Fotografien oder in Filmen: In den 1920er- und 1930er-Jahren gibt es vor allem in Deutschland kaum einen Kulturbereich, in dem der Kaktus nicht wenigstens einmal die Hauptrolle spielt. Selbst die »leichte Musik« entdeckt ihn mit viel »hollari« und »hollaro«, um den »zwischen Betrieb und Reproduktion der Arbeitskraft Eingespannten« Ersatzgefühle anzubieten, »von denen ihr zeitgemäß revidiertes Ich-Ideal sagt, sie müssten sie haben«.[1] Der »kleine grüne Kaktus« weckt so, wie ihn die Comedian Harmonists besingen, häusliche Unsicherheitsgefühle und bietet sich selbst als intelligente Allzweckwaffe an. Der unverblümte Rat hat sich längst als Ohrwurm im kulturellen Gedächtnis festgesetzt: »Und wenn ein Bösewicht / Was Ungezogenes spricht / Dann hol' ich meinen Kaktus / Und der sticht, sticht, sticht.« Die gewachsene Aufmerksamkeit schlägt sich auch in einer sprunghaft steigenden Zahl der bekannten Arten nieder. Hat sie um 1900 noch nicht einmal die 800er-Marke gerissen, so verdoppelt sie sich fast binnen 20 Jahren auf über 1300.

Den Auftakt machen die Frühwerke zweier Maler, deren späteres, soweit ich sehe, kakteenfreies Werk keine Kaktophilie erwarten lässt. Der wohl erste Kaktus neuer Prägung entsteht Anfang der 1910er-Jahre und findet sich gleich in ein Kräftemessen der Extreme eingespannt. So ungehemmt, wie Paul Klees *Kakteen* in Grüntönen verschwimmen, so barsch müssen sie mit groben Konturstrichen in Form gehalten werden. Auch in einem benachbarten Ölgemälde, das Kakteen mit Tomaten zeigt, müssen die Konturen tief in die zerfließenden Farben hineingeritzt werden (*Kakteen und Tomaten,* 1912). Dies Kräftemessen stellt deutlich erkennbar die Kunsthaftigkeit der Kakteennatur mit zur Schau: Farbiger Wildwuchs kämpft mit formaler Dressur, pathetischer Ausdruck mit plastischer Dinglichkeit, pflanzliche Konkretion mit ästhetischer Abstraktion.

Der zweite Kaktusmaler entscheidet das Kräftemessen zugunsten plastischer Dinglichkeit. Bei Giorgio Morandi bildet ein Topfkaktus die Vorderseite (1917) und ein Selbstportrait die Rückseite (1919) eines Gemäldes. Zusammen verkörpern sie zwei Seiten einer Mal- oder Sichtweise, die aus Mensch und Pflanze ein plastisch-dingliches Wesen macht. Aus Morandis Gesicht sind die Feinstrukturen ebenso weggeschmirgelt wie dem Bauernkaktus alle Dornen ausgezogen. Derart geglättet wirken beide wie aus Marmor modellierte Büsten. Beim Kaktus betont zudem das zerknüllte Geschenkpapier die Frische, die Licht- und Schattenspiele das Dramatische der eben enthüllten Neuigkeit untermalen: Ein Kaktus wurde uns als formschöne Plastik geboren.

Dieser Neugeburt widmeten die nachfolgenden Maler der Neuen Sachlichkeit sogar eine eigene Gattung, der sie sich nahezu inflationär bedienten: das Stillleben mit Kaktus. Geschätzte dreißig entstanden in den kurzen 1920er-Jahren. Alexander Kanoldt fügt in ein strenges Arrangement aus ku-

Naturalistisch wirkende Pflanzen wachsen aus künstlichem Boden: Georg Scholz' Kakteen und Semaphore *von 1923.*

bischen, bauchigen und zylindrischen Gefäßen eine getopfte Opuntie. Der lackartige Farbauftrag, die starke Schattierung und eine mit Stützstäbchen erzwungene aufrechte Haltung lassen sie wie eine hochformatige Schachtel wirken (*Stillleben mit Krügen und roter Teedose*, 1922). Bei Georg Scholz beharren sieben übersatte Kakteen in einer Kombination aus Stillleben und Fensterbild auf ihrer pflanzlichen Identität. Botanisch lassen sie sich sogar ziemlich genau bestimmen: zwei Cereen (*Cereus forbesii spiralis*, *Cereus peruvianus monstrosus*), zwei Mammillarien, die kleinere knospend, und ein Epiphyllum. Gegen ihre Naturtreue rebelliert jedoch die ton- oder zementartige Muttererde, in der sie stecken wie filigrane Büsten in ihren Postamenten. Gleichermaßen natur- und kunstwüchsig, wie sie sich präsentieren, könnte man sie für nahe Verwandte der Glühbirnen halten, die sich rechtwinklig zu ihnen hingezogen fühlen. Im Bildhintergrund halten sich streberhaft aufragende Winksignale für das Maß aller Dinge und belehren das Morgenrot über technisch reine Farbigkeit (*Kakteen und Semaphore,* 1923). Georg Schrimpf präsentiert auf schwebendem Schubkasten zwei herausgeputzte Kakteen als stolze Designobjekte. Der ein Spaltweit geöffnete Vorhang gibt den Blick frei auf die Natur, von der sich diese hochnäsigen Accessoires losgesagt haben (*Stillleben mit Kaktus,* 1925). Otto Schön präsentiert einen Schusterkaktus in vollster Blüte inmitten griffbereiter Pinsel und stellt ihn als das heraus, was der Kaktus für die Maler der 1920er-Jahre inzwischen geworden ist: eine pflanzliche Muse der neusachlichen Künste (*Atelierstilleben*, 1926).

Ob Schachtel, Möbel oder Muse, dem Kaktus wird ästhetisch nicht nur seine Pflanzlichkeit ausgetrieben, sondern auch das neusachliche Malprogramm eingeimpft. Wie kaum anderes soll der Kaktus das Streben nach »sentimentlose[r] Präzision« verkörpern, die von »Maschinenzeichnung[en]«[2] her geläufig ist. Fragt man nun nach den Gründen, warum es zu dieser programmatischen Denaturierung kommen konnte, wird man dankbar die Spur aufnehmen, die die renommierte Berliner Galerie Neumann-Nierendorf damals legte. In der Ausstellung *Exoten, Kakteen und Janthur* empfing den Besucher eine symbolträchtige Kombination: Karl Blossfeldts neusachliche Pflanzenfotografien, Richard Janthurs Grafiken, die »Plastiken der Neger und Südseeinsulaner«[3] und mehrere Kakteen in Blumentöpfen. Die kuratorische Botschaft lässt sich geradezu mit Händen greifen. Den Kaktus qualifiziert seine exotische Herkunft und Weltläufigkeit zum Kunstprodukt. Der »›atonale‹ Wuchs« und seine »unfaßbare Gestalt«[4] machen die Verwandtschaft von Kunst- und Pflanzenwelt sinnenfällig.

Ebenso gut hätte man die Ausstellung auch mit den neuesten Produkten der Warenwelt bestücken können. Der Rumpler-Tropfenwagen oder Leicas Kleinbildkamera hätten zu einer zweiten zeittypischen Faszination hingeführt, der der Naturphilosoph Raoul H. Francé eine eigenwillige Studie gewidmet hat: *Die technischen Leistungen der Pflanzen. (Grundlagen einer objektiven Philosophie II)*. Francé zufolge arbeitet die Natur wie ein gewiefter Ingenieur, zu dessen genialen Produkten eben auch die Kakteen gehören. Bei diesen technischen Meisterwerken der Natur triumphiert über das Chaos die Struktur, über die Turbulenz die Glätte, über die exotische Wildheit die technische Zähmung, über die vergängliche Körperlichkeit das unsterbliche Design.

Das Bauhaus erfand das Kakteenfenster. Henny Protzen-Kundmüller malte in ihrem Damenbildnis *eines mit Stubengärtnerin.*

In dasselbe Horn stieß die zeitgenössische Kunstkritik und bediente sich dafür passenderweise der Bildlichkeit Adalbert Stifters. Der Linzer hatte ja seinerzeit Kakteen als Kunstwerke der Natur gesammelt. Der Kritiker Adolf Wortmann trieb

Stifters »Kristalle der Pflanzenwelt« nun auf die Spitze der Abstraktion, um die »neu erwachte« Kakteenliebe zu erklären. Zunächst feierte er die Baumeisterin Natur für die Erschaffung von »pflanzlichen Kristalle[n]« und einer »lebendigen Architektur«: Sie hätte in den »geometrischen Pflanzen« reine Formen wie »Kugel und Walze« oder abstrakte Größen wie »Maß und Zahl« perfekt versinnlicht. Am Kaktus würde sich die Liebe zur »Gestaltung des Raumes aus den Urformen des Begrenztseins, Kugel und Würfel« ausleben, genauso wie bei Bach die Liebe zur »architektonischen Musik«. Und ist die Spitze der Abstraktionen endlich erreicht, findet die Kaktophilie eine anthropologische Erklärung: »Wir ringen um die klare, keusche, einfältige Form. Wir sind des Schweifenden und Launenhaften müde. Wir wollen das Gesetz. Denn der Sinn des Menschseins ist der Wille zur Gestalt, zum Kosmos, dessen Sinnbild der Kristall ist. Kristallhaft ist die Gestaltung der Pflanzen, um deren Deutung diese Sätze sich bemühten.«[5]

Eine Natur, die Pflanzen wie lebendige Architektur erbaut, musste auch das Bauhaus interessieren. Deren Architekten setzten die Kakteen ein als Element zur Gestaltung der Innenräume und als Kontrast zu den glatten Wänden aus Gussbeton. Für die technisierten Pflanzen kreierte man eigene Möbel und Standbereiche: das Kakteen-Fenster oder den Kakteen-Ständer, wo die Pflanzen wirkungsvoll aufgestellt werden konnten. Durch »Verschieben der Glasflächen« bot der Ständer »jeder Pflanze den ihrem Wuchs entsprechenden Raum« und gestattete »ihr die Auswirkung ihrer Eigenart«.[6] In einer Kölner Bauhaus-Musterwohnung reservierte man dem Kaktus sogar eigene Standbereiche: »An der gegenüberliegenden Wand wird die

Heizung durch eine langgestreckte Travertin-Bank verdeckt, die unter dem großen Fenster sich fortsetzt und einer Sammlung bizarr geformter, großer Kakteen eine breite Unterlage gewährt.«[7]

Auch das »zur Maschine gewordene Auge: die Kamera«[8] erkannte sich im Kaktus wieder. Albert Renger-Patzsch stellte ihn ins künstliche Licht einer unerbittlichen Wahrheitssuche und fotografierte den Kaktus als von der Natur gemachte Technik. Mit den scharfen Kontrasten und überharten Strukturen betone diese »Stillebenphotographie« nicht die »Lieblichkeit«, sondern die »tektonischen und kubischen Werte« und das »Strukturliche der Pflanze«, urteilte die zeitgenössische Kunstkritik.[9] Renger-Patzsch selbst begründete seine Faszination mit dem »Reichtum« der Kakteen »in der Gestalt von Körpern und Stacheln«, aber auch mit seiner geometrischen Plastizität: »Die Körper bilden Kugeln, Zylinder, Prismen, Kristallformen, fast geometrische Plastiken, aber mit jenem feinen Unterschied des organisch Gewachsenen.«[10]

Die neusachliche Hochphase mündet in den 1930er-Jahren in ein Gedicht von Maria Luise Weissmann. Die Lyrikerin griff die neusachlichen Kunstkalküle nochmals auf, zeigte ihnen aber zuletzt die natürlichen Grenzen auf. Bei ihr dürfen die technischen Meisterwerke wieder zu blühfähigen Pflanzen werden. Meines Wissens ist Weissmanns Gedicht das einzige, das sich ausschließlich den Topfkakteen widmet: »Sie stehen jahrelang im Topf aus Ton, / Verstockte in sich, selbstverliebte Käuze, / In einer rätselhaft verbißnen Fron / Der Form: sind Kugel, Kegel, Kreuze, // Sie gleichen Birnen, mißgebornen Köpfen, / Sind Stein-Gespenster, Schlange, Hand: / Verfeindet

Bei Albert Renger-Patzsch präsentiert sich der Kaktus natürlich wild, aber ästhetisch streng kontrolliert: Die Fotografie aus den 1930er-Jahren zeigt eine Mammillaria valida (*heute:* Coryphantha poselgeriana var. valida).

so dem Außen, daß in Schöpfen / Stacheln aufstehn um sie wie eine Wand, // Dahinter sie verharrn, anarchisch, kündend, / Prophet und Gott, ihr selbstbeseßnes Ich, / Bis sie auf einmal stumm, in Blumen mündend, / Sich ganz verschweigen, opfern, löschen sich.«[11]

Auch die neusachliche Epoche endet nicht ohne Feier der Kaktusblüte. Doch in Weissmanns Gedicht lösen sich die kristallinen Kakteen förmlich in ihren (Sprach-)Blüten auf und befreien sich aus der neusachlichen »Fron der Form«. Dieselbe Richtung schlug Max Reichmann in seinem Film *Das Blumenwunder* ein. Gedacht war er als Werbefilm für die Düngemittel der BASF, doch die Zeiten hat er als faszinierender Kunstfilm überdauert. Im 5. Teil *Das Lied vom Werden und Vergehen* lässt Reichmann einen Bauernkaktus im Zeitraffer zur Musik von Eduard Künneke aufblühen und verwelken. Langstielige Blütenkelche, die sich wiegen, winden und neigen, tanzen ein graziles Ballett, das Kurznachrichten über die pflanzliche Befindlichkeit aussendet. Offenbar bleiben diese meistens unbemerkt, weil sich Pflanzen zu langsam bewegen für die viel höher getakteten, schnellblickenden Menschenaugen. Gleicht man beider Zeit- und Raumempfinden im Zeitraffer an, so wird die Verwandtschaft von Mensch und Kaktus ästhetisch unumgänglich.

Letzte Halluzinationen

Im Jahr 1863 kommt es in Hamburg zu einer wundersamen Begebenheit. Ein »Bauernweib mit Blumen« betritt die Schankstube eines Gasthauses und kniet als Erstes vor einer »Art Kaktus« nieder. Befragt nach ihren Gründen bekommt man zu hören: Sie knie nieder aus Dank, weil der Kaktus ihr, der Gichtbrüchigen, »wie Lazarus« zu neuer Beweglichkeit verholfen habe.[1] Pharmakologisch lässt sich das Wunder gut erklären: Entzündungshemmend wirkte vermutlich das Saponin im Saft von Opuntien. Kulturgeschichtlich erinnert es an mexikanische Alltagskulte, die offenbar schon früh den Sprung in den hohen Norden schafften und von denen der ›rasende Reporter‹ Egon Erwin Kisch noch in den 1940er-Jahren berichtete. Im ländlichen Mexiko würde man Opuntienglieder über die Zimmertüren hängen, um blutsaugende Dämonen von schlafenden Kinderhälsen fernzuhalten. Junge Städterinnen würden als Verhütungsmittel die »leichtgewölbte Spitze« eines Säulenkaktus in der Handtasche mit sich führen – um das »Amulett« bei Bedarf vielleicht so zu verwenden wie heute eine Dose Pfefferspray.[2]

Am europäischen Kakteenhimmel leuchtet das Hamburger Wunder indessen wie ein Vorbote jener Kräfte, die die gefrorenen Wirklichkeiten der Neuen Sachlichkeit wieder zum Schmelzen bringen werden. Der Kaktus weckt gerade erst entzaubert schon wieder neue Bedürfnisse nach Verzauberung.

Als Türöffner wirkt dabei die psychodelische Droge Meskalin, die Schlüsselgewalt besitzt der bereits erwähnte Peyotl-Kaktus und den Bringdienst besorgt der nach wie vor rege kolumbianische Austausch.

Zu Beginn des 20. Jahrhunderts gelangen 27 frische Peyotl in die Hände des Pharmakologen Arthur Heffter, der daraus das halluzinogene Meskalin isoliert – eben jene Droge, die schon den eingangs erwähnten Kaktusträger in Chavín de Huántar faszinierte. Einige Jahre nach Heffter gelang dem Österreicher Ernst Späth die erste Totalsynthese (1919), die den Meskalinrausch in Europa popularisieren half. Dessen Reiz liegt nun nicht mehr auf kultischen, sondern auf individualistischen Ritualen. Der Rausch soll weder gemeinschaftsstiftend oder machterhaltend wirken, sondern verklemmte Psychen lockern und strapazierte Gehirne entlasten helfen. Die erwünschten Enthemmungen protokollierte in Selbstversuchen Henri Michaux, der neben Walter Benjamin, Aldous Huxley oder Antonin Artaud zu den prominenten Konsumenten gehörte: »Meskalin: Das was jede Träumerei beschleunigt, wiederholt, hin- und herschwenkt, hervorhebt, umstürzt, das was unterbricht.«[3]

Wie auf Meskalin entstanden wirken dann auch die beiden surrealen Gemälde von Yves Tanguy, zu deren figurativem Inventar auch ein Kaktus gehört: *La peur* von 1926 und *Maman, papa est blessé* von 1927. Der wunderliche Titel des zweiten geht zurück auf einen telepathischen Kindertraum, den der Parapsychologe Charles Richet aufgezeichnet hat: »Der Hauptmann M. wird am 27. August 1914 gegen elf Uhr abends von einer Kugel mitten in die Brust getroffen und für tot auf dem Schlachtfeld liegen gelassen. In derselben Nacht, um die gleiche Stunde,

Ein blühender Peyotl (Lophophora williamsii), *rechts unten ein* Ariocarpus trigonus, *1954 gemalt von Pia Roshardt.*

steht sein 15jähriger Sohn, der bereits in tiefem Schlaf lag, auf, weckt seine Mutter und sagt zu ihr: ›Mama, Papa ist verwundet, aber er ist nicht tot.‹«[4]

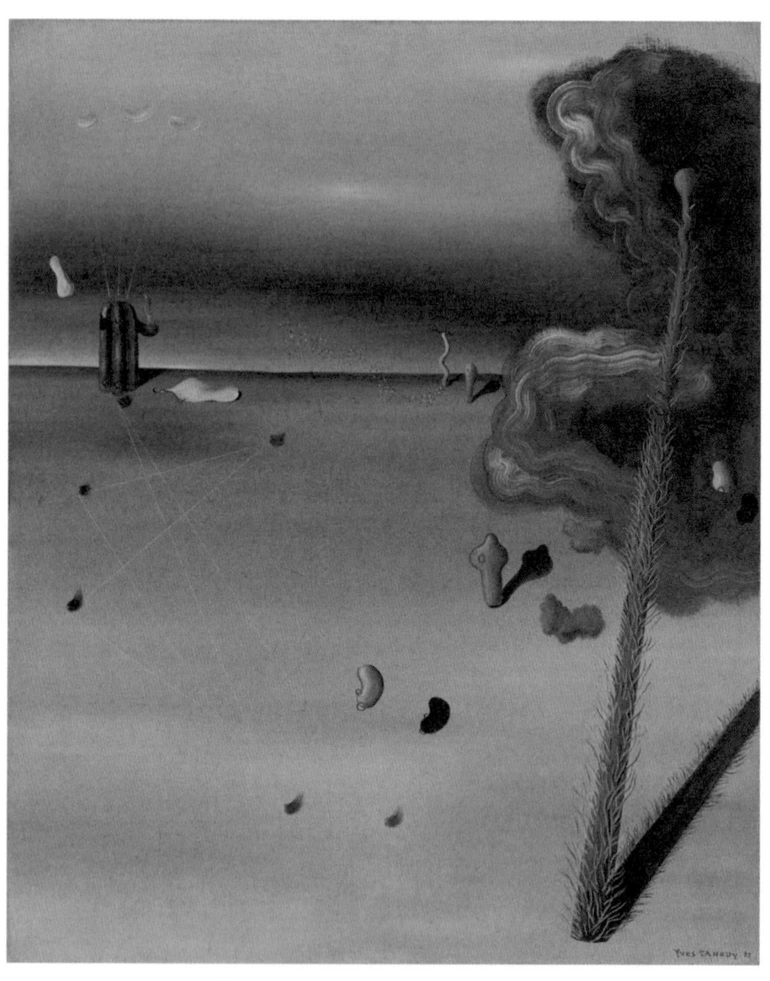

Tanguys surreales Gemälde von 1927 Maman, papa est blessé *deutet auf die Menschwerdung des Kaktus hin.*

Tanguys Kaktus lässt sich mit ein wenig Fantasie als Teil dieser parapsychischen Szene deuten. Vom Schuss verblieb ganz vorn die rauchige Wolke, vom Gewehr der struppige Stängel, von der Kugel die erstarrte Träne und von der Mutter links hinten der einarmige Kaktus, dessen eigentümliche Versehrtheit das Fehlen der ehelichen Hälfte nahelegt. Im Schein einer spiralförmigen Kerze nimmt der Mutterkaktus die Traumbotschaft des Jungen entgegen. Dessen Bettstatt gibt rechts daneben der angestückte Schnurrbart zu erkennen, über den der Kontakt zum verwundeten Vater gehalten wird.

Gewiss fischt diese Deutung im Trüben wie alles, was sich an die Traumdeutung des Surrealen macht, obschon das in die Bildmitte gemalte Hexagramm zu solchen Spekulationen aufzufordern scheint. In jedem Fall biegt meine Kaktusgeschichte mit Tanguys surrealen Halluzinationen auf ihre Zielgerade ein. Überraschend kommt die Menschwerdung des Kaktus indessen nicht, scheint sie doch in der Konsequenz kultureller Konstruktionen und Projektionen zu liegen. Die vielfach porträtierte Pflanze sieht am Ende aus wie ihr Porträtist, als könnte dieser die »Welt« nur als »menschenartige[s] Ding« verstehen und statt wahrer Erkenntnis nur ein tiefes »Gefühl« der »Assimilation« erhalten.[5]

Erste Anzeichen dieser Dynamik lassen sich bereits bei Goethe nachweisen, der selbst zwei Topfkakteen sein Eigen nannte und in den Opuntien die Urpflanze zu finden hoffte: »Die Pflanze gleicht den eigensinnigen Menschen, von denen man alles erhalten kann, wenn man sie nach ihrer Art behandelt. Ein ruhiger Blick, eine stille Konsequenz, in jeder Jahreszeit, in jeder Stunde das ganz Gehörige zu tun, wird vielleicht von niemand mehr als vom Gärtner verlangt.«[6] Den wohl ersten Kaktusmenschen setzte 1882 Odilon Redon mit seinem Brustbild *L'Homme cactus* ins Bild. Ein düster bedornter, indigener Schädel steckt bis zum Hals in einem Blumentopf, der als Einziges von seinem Unterleib verblieben ist. Auch Linnés Konzept der Pflanzenehe oder Karl Mays literarische Western verliehen dem Kaktus anthropomorphe Züge, und ungefähr zu dieser Zeit erschien auch eine Kurzgeschichte, die einen »knollborstig[en] und saftig[en]« Künstler namens Kaktus zum Helden hat.[7] Hermann Lang verglich die Kakteen mit »Menschen, zu denen wir keinen Weg finden«,[8] und die studierte Juristin und gelernte Therapeutin Rotraud A. Perner zimmerte aus Langs vagem Vergleich eine tiefenpsychologische Studie, die im Kaktus archetypisch »verletzende Verhaltensweisen« vorgebildet sieht.[9] Weil aber die phänomenale Vielfalt des Kaktus nicht in Perners recht einsinniges Konzept passt, errichtet sie kurzerhand eine strenge Diktatur des Symbolischen. Jedes Kakteenteil muss programmatisch passend gemacht und vermenschlicht werden: Die Dornen stehen zwanghaft für menschliche Angriffslust oder Berührungsängste, der Wasserspeicher für aufgestaute, explosionsbereite Gefühle, die Anpassungsfähigkeit oder Spezialisierung für menschliche Sturheit oder Ortsversessenheit. Wehe dem, der einen Kaktus zum Freunde hat.

Zum Glück kennt die Menschwerdung des Kaktus, die immer auch eine Kaktuswerdung des Menschen einschließt, raffiniertere Formen, wie zum Beispiel die bebilderte »Wildwestgeschichte« der Schweizer Daniel Fehr und Felix Schaad, die einem Westernkaktus wüstenmenschliche Gefühle bescheinigen: »Es wäre schön, wenn ein Mensch neben mir verdursten

Ein guillotinierter Schädel lebt als Topfkaktus weiter. Odilon Redons L'Homme cactus *von 1882.*

Die Kunst erschafft eine neue Kakteenart: Aquarell aus Man Rays Zyklus Transfigurations d'un cactus.

würde«, oder: »Manchmal denke ich, ob ich mehr aus meinem Leben machen sollte.«[10]

Gewichtigen Ernst verbreiten die *Hommes cactus* beiderlei Geschlechts von Julio González. 1939/40, nach dem Ende des Spanischen Bürgerkriegs, baute er aus morphologischen Elementen wie Rillen, Dornen oder Stämmen zwei Eisenkörper, die er als Formen pazifistischen Widerstands verstanden wissen wollte. Es sei »höchste Zeit, dass dieses Metall aufhört, mörderisch und lediglich Instrument einer zu mechanischen Wissenschaft zu sein«.[11] Tatsächlich gerät das geschmiedete und geschweißte Eisen vor allem bei der Frauwerdung des Kaktus (*Homme cactus II: Madame Cactus*) ins Schwimmen oder Schweben: Metallne Härte verschmilzt mit pflanzlicher Weichheit, offene Rebellion mit partieller Versehrung.

Zwei Jahrzehnte später, als das Ende des Zweiten Weltkriegs längst abgefeiert war, sprang der vermenschlichte Kaktus auf das französische Liedgut über. Jacques Dutronc hieß ihn sogar die Weltherrschaft antreten: »Le monde entier est un cactus«, blaffte er ins Mikrofon und variierte dabei die vielzitierte Formel des Komödiendichters Titus Maccius Plautus, um die Thomas Hobbes einst seine Staatstheorie gruppiert hatte: Aus *Homo homini lupus* machte Dutronc *Homo homini cactus* – der Mensch ist nicht mehr des Menschen Wolf, sondern des Menschen Kaktus. Der bedrohliche Befund führt gleichermaßen zu panischer Aufrüstung und entwaffnender Absurdität. Aus Angst vor den Kaktusmenschen verwandelt sich der Sänger selbst in einen solchen und stattet sich gut amerikanisch mit Waffen aus: Die Kakteen liegen griffbereit im Bett oder stecken in der Unterhose. Die Selbstverteidigung kippt in scherzhafte

Selbstverletzung: »Aïe aïe aïe!«, klagt Dutronc auf Französisch, »Ouille! Aïe aïe aïe!« Vielleicht hatte die norddeutsche Popband Element of Crime diese Schmerzensschreie noch im Ohr, als sie diese seltsame Pflanze in ihrem Song *Kopf aus dem Fenster* (2009) geringschätzig behandelte: »Und dann scheiß auf den Kaktus \ Der ist böse und heiß \ Und ich fett und verdorben \ Und du so nett.«

Doch mein Kakteenportrait soll nicht mit pflanzlicher Bosheit enden, sondern mit einem Zyklus von Man Ray aus dem Jahr 1971, der zwar keinen anthropomorphen Kaktus zeigt, wohl aber ein elementares Verfahren, das sich auch in den von mir skizzierten kulturellen Verwandlungen und Verklärungen am Wirken zeigt. Für eines der Aquarelle aus der Serie *Transfigurations d'un cactus* malte Man Ray die erst zerlegten, dann neu kombinierten Einzelteile eines Kaktus, um daraus kubistisch eine neue Spezies zu erschaffen: eine Art Gitterkaktus. Dieses Verfahren ließe sich gewiss auch für kulturelle oder evolutionäre Prozesse fruchtbar verallgemeinern. Mir genügt für heute der Gedanke, auch mein Kakteenportrait hätte solche Geschichte machende Transfigurationen erkundet: Der Zahn der Zeit zernagte verfestigte Urteile oder Bilder, aus deren Bröseln oder Brocken der Baumeister Zeit neue Ansichten zusammenfügte.

Der bislang letzte Schritt oder besser letzte Schnitt bliebe der Genschere vorbehalten, genauer gesagt jenen Techniken, mit denen sich auch die Kaktuszellen in molekulare Häppchen zerschneiden lassen. Das Verfahren spielt bekanntlich auf einer grundlegend anderen Bühne als alle bisherigen, nämlich nicht vor, sondern hinter den Kulissen des Phänotyps. Dort wird der Kaktus durch das portraitiert, was wir nicht sehen, aber technisch repräsentieren können: seinen Genotyp. Man Rays Gitterkaktus transfiguriert dabei zur Doppelhelix, in der sich die kleinsten, ein Kakteenleben bestimmenden Bauteile kombinieren. Diese genomischen Portraits haben die Familie der Kakteen bereits stark zerrüttet und ihnen ständig neue Nah- oder Fernverwandtschaften untergeschoben. Wären die Kakteen tatsächlich Menschen, zeigten sie sich darüber gewiss vergrätzt und spönnen seifenopernartige Intrigen.

Schnapskopf

Lophophora williamsii

Peyote
Peyotl

Als ›Schnapskopf‹ wird er nur selten bezeichnet, aber der Name ist zu schön, um nicht wahr zu sein. Bereits vor ungefähr 6000 Jahren wurde der Flachköpfige mit den schlohweißen Strähnen als Rausch- und Heilmittel verehrt und konsumiert. Vom westlichen Texas über das nördliche Mexiko bis nach San Luis Potosí trank man ihn als schnapsartigen Sud oder kaute Buttons zu medizinischen oder kultischen Zwecken. Schon 1569 berichtete der spanische Missionar Bernardino de Sahagún vom Singen, Tanzen und Weinen der rituellen Schnapskopf-Trinker. Die Heilige Inquisition verhängte gegen ihn eine Prohibition, konnte aber die Christianisierung des ›Zaubergotts‹ nicht verhindern. In Coahuila gründete sich eine dem Schnapskopf geweihte Missionsstation, andernorts musste er als Hostie und folglich der Drogenrausch als christlicher Gottesbeweis anerkannt werden. Seit die Flower-Power-Bewegung ihn als Droge für ihre Weltfluchten entdeckte und seine Habitate für den Eigenbedarf plünderte, gilt er als vulnerable, vom Aussterben bedrohte Art. Noch heute bietet die Native American Church in Arizona das Holy Sacrament Peyote gegen eine 500-Dollar-Spende an.

Westernkaktus

Carnegiea gigantea

Saguaro
Saguaro

Der baumartig verzweigte Riese gehört zu den Langsamwachsern der Großfamilie. Den ersten Seitenarm bilden viele erst nach 80 Jahren aus. Andere führen sogar ein gänzlich armloses Leben. Die volle Wuchshöhe von 16 Metern erreichen nur wenige, und wenn, dann erst nach 200 Jahren. Die meisten verlassen ihre Kinderstube als Ammenmörder: Anfangs wachsen sie wohlbehütet im Schatten größerer Pflanzen auf. Sobald sie sich jedoch der Wüstensonne gewachsen fühlen, schnüren sie den Ammenpflanzen mit den Wurzeln das Wasser ab. Ihre Jugendsünde gleichen die ausgewachsenen Riesen als Gastgeber oder Nahrungsspender aus und halten als Schlüsselpflanzen ganze Ökosysteme am Laufen.

Der kundige Comiczeichner Reg Manning beschrieb die Durchquerung der Saguaro-Kolonien als unheimlich und beklemmend: Man gerate in einen überfüllten Saal, wo die Tänzer erst vor Schreck erstarrten, dann ihre Köpfe zu bösem Tratsch zusammensteckten. Seine figürliche Erscheinung ließ ihn zum Warenlogo und zur mythischen Gestalt im filmischen Western werden. Amerikanische Revolverhelden verleitete Letzteres zu Missverständnissen, die sie Gewehrsalven auf den vermeintlich bösen Kaktus abfeuern ließen. Das sogenannte *cactus plugging* ist heute unter Strafe verboten.

Gewöhnlicher Feigenkaktus

Opuntia ficus-indica

Indian fig opuntia
Le Figuier de Barbarie

Keine andere Art zeigt sich derart fest mit menschlichen Irrtümern verbunden. Schon der lateinische Gattungsname weist den gebürtigen Amerikaner als ostlokrischen Griechen aus. Von der namensgebenden Patenpflanze aus der Umgebung von Opus berichtete Plinius der Ältere in seiner *Naturkunde*. Den irrigen Namen gab ihr vermutlich der Leiter des Botanischen Gartens von Padua Luigi Squalermo. Doch schon 1561 fand der Pflanzenkundler Conrad Gessner die Benennung »zum Lachen«, trieb aber den einen Irrtum durch einen andern aus. Mit seinem Vorschlag *Ficus indica* (»indische Feige«) wiederholte er die bekannte Fehleinschätzung des Christoph Kolumbus. In den folgenden Jahrhunderten scheint der Feigenkaktus an Fernreisen Gefallen gefunden zu haben: Die Art stammt vermutlich aus Mexiko. Als Neophyt trifft man sie in Südeuropa, auf den Kanaren, in Nord- oder Südafrika und sogar in Australien an.

Geribbte Melonendistel

Melocactus caroli-linnaei

Turk's cap cactus
Cactus melon

Der Melocactus taucht schon Ende des 16. Jahrhunderts in botanischen Beschreibungen auf, was auf eine frühe Ankunft in Europa schließen lässt. Tatsächlich liegen die Habitate der Geribbten Melonendistel in einer von den spanischen Eroberern schon früh erforschten Gegend: in Jamaika. Vielleicht faszinierten an ihm die auffälligen Cephalien, die die adulten Pflanzen auszubilden pflegen. Carl von Linné beschrieb sie als »mit einem dichten Busch von feinen, gleichsam Asbest- oder Amianthartigen, weissen wollichten Fasern besetzte Gipfel«. Zugleich warnte er vor dem Kaktus als einer schwer bewaffneten Mimose: »Wegen den scharfen Dornen oder Stacheln kann man diese Pflanze ohne Gefahr verletzet zu werden, fast auf keiner Seite recht angreifen. Man ziehet diese in [...] Europa in den Gewächshäusern, wo sie aber sehr sorgfältig behandelt müssen werden, indem sie, als Pflanzen, die in ihrem Vaterlande an den wärmsten und trockensten Oertern wachsen, von der Kälte, aber auch von allzu vieler Feuchtigkeit leichtlich Schaden leiden«. Dem Trivialnamen gibt die Morphologie zumindest teilweise recht. Sein kugelschwerer Körperbau lässt tatsächlich an Melonen denken. Die Areolen hingegen, die sich geregelt auf den Rippen reihen, erinnern allenfalls denjenigen an eine Distel, der ahnungslos nach ihnen greift.

Schwiegermuttersessel
Kroenleinia grusonii

Mother-in-law's cushion
Coussin de belle-mère

Als man ihn in Deutschland einführte, wurde er gleich als »eine der hervorragendsten Neuheiten« für »Pflanzenfreunde« und »Cacteenliebhaber« gefeiert. Seine »eigenartige Schönheit« führte der Kakteensammler Hildmann auf seine »leuchtend gelben«, den Körper umstrickenden Dornen zurück. Noch heute darf er in den botanischen Gärten ebenso wenig fehlen wie der Löwe in den zoologischen.
Bei beiden scheint ihre Wildheit zu faszinieren, wenn sie sich von sicheren Standorten aus betrachten lässt. Ihre europäischen Trivialnamen weisen die *Kroenleinia* fast alle als Geheimwaffe gegen nervige Schwiegermütter aus. Die weniger zimperlichen Mexica brachten eine wie sie mit kultischen Menschenopferungen in Verbindung. Die Verbreitung konzentrierte sich bis vielleicht Mitte, Ende des 20. Jahrhunderts auf die mexikanischen Bundesstaaten Hidalgo und Querétaro, ehe man durch Großbauprojekte wie der Zimapán-Talsperre die Habitate fast vollständig zerstörte. Versuche der Umsiedlung in benachbarte Regionen scheiterten an der Ortsverbundenheit des Kaktus. In jüngerer Zeit wurden jedoch wieder wenige kleinere Kolonien gesichtet.

Binsenkaktus
Rhipsalis baccifera

Mistletoe cactus
Cactus-gui

Der Binsenkaktus wächst als einzige Kakteenart mutmaßlich endemisch auch außerhalb Amerikas, nämlich als struppige Hängepflanze auf Astgabeln im tropischen Afrika. Evolutionsbiologen forderte dieser Wahlafrikaner zu kühnen Mutmaßungen heraus. Die einen machten englische Seefahrer verantwortlich: Sie hätten ihn für ein *mistletoe* (Mistel) gehalten, ihn als Glücksbringer über ihre Kajütentür gehängt und so nach Afrika eingeführt. Von dortigen Müllplätzen hätte er seinen Siegeszug durch den Kontinent angetreten.

Andere hielten ihn für einen ›Blinden Passagier‹, der seine klebrigen Früchte im Gefieder von Vögeln platzieren konnte und so seine Nachkommen über den Atlantischen Ozean brachte. Wie der Binsenkaktus in Afrika einreiste, ließ sich bislang nicht befriedigend klären. Man wird ihn weiterhin für einen Abweichler, Neophyten oder ein botanisches Rätsel halten müssen.

Königin der Nacht
Selenicereus grandiflorus

Queen of the Night
Cactus vanille

Ihre Majestät darf in keinem Kakteenportrait fehlen, schließlich war es ihre Nachtblüte, die dem Kaktus die Tür zu den schönen Künsten öffnete. Zusammen mit ihrem »unmenschlich[en]« Duft »nach der schönsten Vanille«, wie E. T. A. Hoffmann in seiner Erzählung *Meister Floh* schreibt, macht sie ihren schlangenhaften Körper vergessen. Der Blütenzauber kündet sich sogar hörbar an: Hoher Innendruck sprengt die verwachsenen Blütenblätter mit Knacklauten auseinander.

Die europäischen Trivialnamen erfassen gegen alle botanische Korrektheit gleich ein halbes Dutzend dieser kurzatmigen Nachtblüher, die schon im Morgengrauen ihre schweren Blütenköpfe wieder hängen lassen. Der lateinische Name weiht die Sukkulente der Mondgöttin Selene. Diese der Geburten überdrüssige Frau versetzte ihren Liebhaber zu Verhütungszwecken nach dem 50. Kind in ein künstliches Koma. Mit den bevorzugten Wuchsorten hat Selenes Tat nicht viel gemein: Der *Selenicereus grandiflorus* wächst in schwülen, von Feuchtigkeit geschwängerten Gegenden im Südosten der Vereinigten Staaten, in Mexiko und in der Karibik. Er wird dort seit Langem zu medizinischen Zwecken kultiviert.

Anmerkungen

Idyllen mit Kaktus

1 Christoph Gurk, »Kleiner grüner Kaktus gesucht«, in: *Süddeutsche Zeitung*, 5. Juni 2021.
2 Darüber berichteten *Nice-Matin* und *Kurier* am 11. Mai 2018.
3 Thomas Bernhard: »In der Höhe. Rettungsversuch, Unsinn«, in: ders., *Werke,* Bd. 11: *Erzählungen I*, Frankfurt am Main 2004, S. 19.

Die Anfangsjahre eines Spätlings

1 R. W. Chaney: »A fossil cactus from the Eocene of Utah«, in: *American Journal of Botany*, 8 (1944), S. 507–528. **2** *Goethes Werke*, Sophienausgabe, II. Abt., Bd. 6, Weimar 1891, S. 122.

Ein blutiges Organ mythischer Macht

1 Stefan Rinke, Federico Navarrete, Nino Vallen (Hg.): *Der Codex Mendoza. Das Meisterwerk aztekisch-spanischer Buchkultur,* Darmstadt 2021, S. 342. **2** Walter Lehmann, Gerdt Kutscher, Günter Vollmer: *Geschichte der Azteken. Codex Aubin und verwandte Dokumente*, Berlin 1981, S. 4, 140 f. Im Original Bl. 5. **3** Ebd., S. 4. **4** Hans Blumenberg: *Arbeit am Mythos*, Frankfurt am Main 1996, S. 12. **5** Bernardino de Sahagún: *Florentine Codex. General History of the Things of New Spain*, Book 11: *Earthly Things,* Salt Lake City (Utah) 2012, S. 239. Im Original: Bd. 11, Bl. 216v (Übers. MK).

Kolumbianischer Austausch

1 Christoph Kolumbus: *Bordbuch*, Eintrag vom 28. Oktober 1492, Frankfurt am Main 1981, S. 80 f.
2 Zit. n. Reinhold R. Grimm: »Das Paradies im Westen«, in: Winfried Wehle (Hg.): *Das Columbus-Projekt. Die Entdeckung Amerikas aus dem Weltbild des Mittelalters*, München 1995, S. 73–113, hier: S. 85. **3** Kolumbus, *Bordbuch*, Eintrag vom 21. Februar 1493, S. 289. **4** Ernst Bloch, *Das Prinzip Hoffnung*, Frankfurt am Main 1959, S. 906.
5 1 Mose 3,6 bzw. 18. **6** Paul Haller: *Gedichte*, Aarau 1922, S. 85.
7 T. S. Eliot: »The Hollow Men.

Die hohlen Männer«, in: ders., *Gesammelte Gedichte 1909–1962*, Frankfurt am Main 1988, S. 133, 135, 137. **8** Alfred W. Crosby: *The Columbian Exchange. Biological and Cultural Consequences of 1492*, Westport, Connecticut, London 2003 (1972). **9** Alfred W. Crosby: *Die Früchte des weißen Mannes. Ökologischer Imperialismus 900–1900*, Frankfurt am Main u. a. 1991, S. 165. **10** Ebd., S. 148. **11** Friedrich Karl Johann Vaupel: »Aus der alten Kakteenliteratur. Gonçalez Hernandez de Oviedo y Valdes: Coronica de las Indias. Historia general de las Indias agora nuevamente impressa corregida y emendada (1547). Y con la conquista del Peru«, in: *Monatsschrift für Kakteenkunde*, 3/29 (1919), S. 25–31, hier: S. 28. **12** Ebd., 5/29 (1919), S. 53. **13** Michel Foucault: *Die Ordnung der Dinge. Eine Archäologie der Humanwissenschaften*, Frankfurt am Main 1995, S. 49. **14** *Theophrast's Naturgeschichte der Gewächse*, Altona 1822, Bd. 1, S. 228. **15** Georg Henisch, *Teütsche Sprach und Weißheit. Thesaurus Lingua et sapientia Germanicae*, Augsburg 1616, Sp. 125. **16** Selma Lagerlöf: *Die Wunder des Antichrist*, München 1985, S. 329 f. **17** *Herders Conversations-Lexikon*, Bd. 1, s. v. »Cacteae«, Freiburg im Brsg. 1857, S. 745. **18** Johann Christoph Adelung, *Grammatisch-kritisches Wörterbuch der Hochdeutschen Mundart, mit beständiger Vergleichung der übrigen Mundarten, besonders aber der Oberdeutschen*, Bd. 2, Leipzig 1796, s. v. »Fackeldistel«, S. 7 f. **19** E. T. A. Hoffmann: »Meister Floh«, in: ders.: *Sämtliche Werke*, Bd. 6. Frankfurt am Main 2004, S. 379.

Die Entdeckung der Wildpflanzen

1 Basilius Besler, *Hortus Eystettensis*, Eichstätten, Nürnberg 1613. **2** Johann Andreas Murray, Xaver Joseph Lippert (Hg.): *Des Ritters Carl von Linné Pflanzensystem nach seinen Klassen, Ordnungen, Gattungen und Arten mit den Erkennungs- und Unterscheidungszeichen*, 14. Auflage, Wien 1786, S. XXXIX. **3** Ebd., S. 4. **4** Ebd., S. 6. **5** Ebd., S. 829. **6** Ebd.,

S. XXXIX. **7** Ebd., S. 833–836. **8** Ebd., S. 633, 638. **9** Ebd., S. 625. **10** Alexander v. Humboldt, Aimé Bonpland: *Reise in die Aequinoctial-Gegenden des neuen Kontinents,* Bd. 1, Stuttgart 1865, S. 189. **11** Alexander von Humboldt: *Ansichten der Natur,* Nördlingen 1986, S. 346.
12 Alexander von Humboldt: *Briefe aus Amerika 1799–1804,* Berlin 1993, S. 42. **13** Humboldt: *Ansichten der Natur*, S. 260.
14 Ebd., S. 20. **15** Ebd., S. 345.
16 Humboldt, Bonpland: *Reise in die Aequinoctial-Gegenden,* Bd. 1, S. 214. **17** Humboldt: *Ansichten der Natur,* S. 254. **18** Humboldt, Bonpland: *Voyage aux régions équinoxiales du nouveau continent*, Bd. 1, Paris 1814, S. 295. **19** Humboldt, Bonpland: *Reise in die Aequinoctial-Gegenden,* Bd. 1, S. 214. **20** Humboldt: *Ansichten der Natur,* S. 254. **21** Ebd., S. 251.
22 Ebd., S. 217. **23** Ebd., S. 255.
24 Ebd., S. 253. **25** Ebd., S. 258.
26 Alexander von Humboldt: *Kosmos. Entwurf einer physischen Weltbeschreibung*, Bd. 2., Stuttgart, Tübingen 1847, S. 85. **27** Humboldt: *Ansichten der Natur*, S. 258 f.
28 Humboldt: *Kosmos*, Bd. 2, S. 89. **29** Humboldt: *Ueber zwei Versuche den Chimborazo zu besteigen*, in: ders., *Sämtliche Schriften,* Bd. 5, München 2019, S. 284 f. **30** Humboldt: *Ansichten der Natur*, S. 153. **31** Humboldt: *Ansichten der Natur*, S. 246.

Blütenträume in geschäftslosen Stunden

1 Walter Benjamin, *Goethe*, in: ders., *Gesammelte Schriften*, Bd. II, Frankfurt am Main 1991, S. 717.
2 *Goethes Werke,* Sophienausgabe, Abt. I, Bd. 49, Weimar 1898, S. 378.
3 »Ueber die botanisch-practische Gärtnerei«, in: Wilhelm Gottlieb Becker (Hg.): *Almanach und Taschenbuch für Gartenfreunde*, Leipzig 1798, S. 263 f. **4** Ebd.
5 Karl Alexis Waller*, Der Stubengärtner, oder Anweisung die schönsten Zierpflanzen in Zimmern und vor Fenstern zu erziehen und auf eine leichte Art zu durchwintern*, Sondershausen, Nordhausen 1821, S. VII. **6** Karl Marx: »Grund-

risse der Kritik der politischen Ökonomie (1857/58)«, in: ders., *MEGA*, Bd. II, 1.2, S. 589. **7** Walter Benjamin, »Jemand meint«, in: ders., *Werke und Nachlaß*, Bd. 13.1, Berlin 2011, S. 394. **8** Gerd Mattenklott: »Karl Bloßfeldt 1865–1932. Das fotografische Werk«, in: ders., *Reisen über die Kontinente der Kunstwissenschaften*, Berlin 2010, S. 131. **9** Jean Paul, »Titan. Elfte Jobelperiode«, in: *Sämtliche Werke*, Bd. I/3, München 1999, S. 285.
10 Heimito von Doderer: *Die Strudlhofstiege oder Melzer und die Tiefe der Jahre*, München 2020, S. 246. **11** Friedrich Gundolf: *George*, Berlin 1930, S. 85.
12 Heimito von Doderer: *Die Strudlhofstiege*, S. 246. **13** Arno Schmidt: *Der Tag der Kaktusblüte*, in: ders., *Bargfelder Ausgabe*, Bd. I/4, Zürich 1988, S. 317.

Mysterien in überhitzten Räumen

1 Sigmund Freud, Arnold Zweig: *Briefwechsel*, Frankfurt/Main 1968, S. 51. **2** Emilie von Binzer: *Adalbert Stifter. Beilage zur Augsburger Allgemeinen Zeitung*, Nr. 46, 15. Februar 1868. **3** Stifter an Gustav Pechwill, 7. Juli 1855, in: ders., *Sämtliche Werke*, Bd. 18, Reichenberg 1941, S. 270 f.
4 Walter Benjamin, *Das Passagen-Werk*, in: ders., *Gesammelte Schriften*, Bd. 5.1, S. 53.
5 Wilhelm Neubert (Hg.): *Die Modepflanzen unserer Zeit. Camellia und Cactus. Anleitung zur Cultur und Vermehrung derselben*, Stuttgart, Tübingen 1839. S. 53 f.
6 Ebd., S. 54. **7** Siegfried Kracauer: »Langeweile«, in: ders., *Das Ornament der Masse*, Frankfurt am Main 1977, S. 324.
8 Stifter an Heckenast, 24. Mai 1857, in: ders., *Sämtliche Werke*, Bd. 19.3, Reichenberg 1929, S. 21.
9 Philipp Blom: *Sammelwunder, Sammelwahn. Szenen aus der Geschichte einer Leidenschaft*, München 2014, S. 248. **10** Arno Schmidt: *Die Handlungsreisenden*, in: ders., *Bargfelder Ausgabe*, Bd. III/3, Zürich 1993, S. 256.
11 Arnold Stadler: *Mein Stifter. Porträt eines Selbstmörders in spe und fünf Fotografien*, Köln 2005, S. 73. **12** Adalbert Stifter: »Der

Nachsommer«, in: ders., *Werke und Briefe*, Bd. 4.5, Stuttgart 2014, S. 288 f. **13** Kurt Krolop: »›Das ›Cacteen=Umsezungsverzeichnis‹ Adalbert Stifters«, in: *Philologica Pragensa*, 3 (1959), S. 84–90.
14 Johannes Aprent: »Vorrede«, in: Adalbert Stifter, *Briefe*, Bd. 1, Pest 1869, S. XLVIII. **15** Gustave Flaubert: *Madame Bovary. Sitten in der Provinz*, München 2012, S. 82 f. **16** Ebd., S. 136.
17 Gustave Flaubert: *Madame Bovary*, S. 308. **18** Detlev Metzing (Hg.): *Blühende Kakteen. Alle Tafeln der Iconographia Cactacearum*, Berlin 2022.
19 Edmund Launert: »Nachwort«, in: Pierre-Joseph Redouté, *Kakteen und andere Sukkulenten* Dortmund 1981, S. 171.

Mythen für den Hausgebrauch

1 Karl May: »Im Mistake-Cannon. Mit Holzstich von George Montbard«, in: *Illustrirte Welt. Deutsches Familienbuch. Blätter aus Natur und Leben, Wissenschaft und Kunst* 6 (1890), S. 145, 148, 150.
2 Karl May: *Old Surehand I*, in: ders., *Freiburger Erstausgaben*, Bd. 14, Bamberg 1983, S. 33.
3 Alexander von Humboldt: *Ansichten der Natur*, S. 30 f.
4 Karl May, *Old Surehand I*, S. 8.
5 Alexander v. Humboldt, Aimé Bonpland: *Reise in die Aequinoctial-Gegenden des neuen Kontinents,* Bd. 2, Stuttgart 1859, S. 57.
6 Arno Schmidt*, Sitara und der Weg dorthin*, in: ders., *Bargfelder Ausgabe*, Bd. III/2, Zürich 1993, S. 44. **7** Karl May: *Winnetou der Rote Gentleman III*, in: ders., *Freiburger Erstausgaben*, Bd. 9, Bamberg 1982, S. 92 f.

Sachliche Exoten

1 Theodor W. Adorno: *Einleitung in die Musiksoziologie*, in: ders., *Gesammelte Schriften*, Bd. 14, Frankfurt am Main 1973, S. 205.
2 Paul Westheim: »Stil der Sachlichkeit«, in: *Berliner Börsen-Zeitung*, 7. Juni 1925. **3** *Der Kunstwart. Rundschau über alle Gebiete des Schönen. Monatshefte für Kunst, Literatur und Leben*, 8 (1926), S. 132. **4** Walter Riezler: »Das Kunstgewerbe heute und

morgen«, in: *Die Form. Zeitschrift für gestaltende Arbeit*, 5/10 (1930), S. 255. **5** Adolf Wortmann, zit. in: *Das Kunstblatt* 9/1 (1925), S. 30. **6** Alois Stiegler: »Schlichte Möbel. Einige Beispiele«, in: *Innen-Dekoration: mein Heim. Mein Stolz*, 39 (1928), S. 231. **7** Fritz August Breuhaus: »Haus Schürmann in Köln«, in: *Innen-Dekoration: mein Heim. Mein Stolz*, 36 (1925), S. 217; Abb. S. 221. **8** Paul Westheim: »Stil der Sachlichkeit«. **9** Willi Wolfradt: »Ausstellungen«, in: *Der Cicerone*, 15/15 (1923), S. 711. **10** Albert Renger-Patzsch: »Kakteen-Aufnahmen«, in: *Photographie für Alle*, 6 (1926), S. 84. **11** Maria Luise Weissmann: *Gesammelte Dichtungen*, Pasing 1932, S. 45.

Letzte Halluzinationen

1 Friedrich Hebbel: *Tagebücher*, Bd. 4, Berlin 1913, S. 277 f. Eintrag vom 8. März 1863. **2** Egon Erwin Kisch: »Kolleg: Kulturgeschichte des Kaktus«, in: ders., *Marktplatz der Sensationen. Entdeckungen in Mexiko*, Berlin, Weimar 1984, S. 388. **3** Henri Michaux: *Turbulenz im Unendlichen. Die Wirkungen des Meskalins*, Frankfurt am Main 1971, S. 12. **4** Charles Richet: *Grundriss der Parapsychologie und Parapsychophysik*, Stuttgart, Berlin, Leipzig 1923, S. 217. **5** Friedrich Nietzsche: »Ueber Wahrheit und Lüge im außermoralischen Sinne«, in: ders., *Kritische Studienausgabe*, Bd. 1, München 1988, S. 883. **6** Johann Wolfgang v. Goethe: *Die Wahlverwandtschaften*, in: *Goethes Werke*, Sophienausgabe, Abt. I / Bd. 29, Weimar 1892. S. 305. **7** Otto Julius Bierbaum: *Kaktus und andere Künstlergeschichten*, Berlin, Leipzig 1898. **8** Hermann Lang: »Die Welt der Kakteen«, in: Harry Maaß: *Die Schönheit unserer Kakteen*, Frankfurt / Oder 1924, S. 7. **9** Rotraud A. Perner: *Kaktusmenschen. Zum Umgang mit verletzenden Verhaltensweisen*, Wien 2011. **10** Daniel Fehr, Felix Schaad: *Kaktus. Eine Wildwestgeschichte*, Biel/Bienne 2021. **11** Zit. nach Kirsten Claudia Voigt, Leonie Beiersdorf (Hg.): *Inventing Nature – Pflanzen in der Kunst*, Köln 2021, S. 36.

Weiterführende Literatur

Edward Frederick Anderson: ***Das große Kakteen-Lexikon,*** Stuttgart 2011.

Edward Frederick Anderson: ***Peyote. The Divine Cactus,*** Tucson, Arizona 1980.

Kathrin Baumstark, Ulrich Pohlmann (Hg.): ***Welt im Umbruch. Kunst der 20er Jahre,*** München 2019.

Kurt Beringer: ***Der Meskalinrausch. Seine Geschichte und Erscheinungsweise,*** Berlin 1927.

Richard Burger: »What kind of hallucinogenic snuff was used at Chavín de Huántar? An iconographic identification«, in: *Ñawpa Pacha. Journal of the Institute of Andean Studies*, 31/2 (2011), S. 123–140.

Urs Eggli: »Sukkulentengärten – Geschichte einer Faszination«, *Avonia-Journal der Fachgesellschaft andere Sukkulenten*, 35 (2017).

Urs Eggli, Margrit Wyder u. a.: »Johannes Kentmann, Conrad Gessner und die Einführung des Feigenkaktus in Europa im 16. Jahrhundert«, in: *Bauhinia* 27 (2018), S. 47–59.

Antonello Gerbi: ***Nature in the New World. From Christopher Columbus to Gonzalo Fernández de Oviedo,*** Pittsburgh 2001.

Bonnie Glass-Coffin: »Shamanism and San Pedro through Time. Some Notes on the Archaeology, History, and Continued Use of an Entheogen in Northern Peru«, in: *Anthropology of Consciousness*, 21/1 (2010), S. 58–82.

Dieter Helm: ***Biologie der Kakteen,*** 3 Bde., Berlin 2010.

H. Hildmann: »Neuere und seltene Cacteen«, in: *Deutsche Garten-Zeitung,* 3 (1886), S. 27 f.

Egon Erwin Kisch: »Kolleg: Kulturgeschichte des Kaktus«, in: ders., *Marktplatz der Sensationen. Entdeckungen in Mexiko,* Berlin, Weimar 1984, S. 379–392.

Nadja Korotkova, David Aquino u. a.: »Cactaceae at Caryophylla les.org – a dynamic online species-level taxonomic backbone for the family«, in: *Willdenowia*, 2 (2021), S. 251–270.

Beat Ernst Leuenberger: »Über drei kakteenkundlich bedeutende Werke von Salm-Dyck, Pfeiffer & Otto und Miquel«, in: *Zandera*, 2/3–4 (1983), S. 37–39.

Klaus Walter Littger, Werner Dressendörfer (Hg.): ***Das Pflanzenbuch von Basilius Besler,*** Köln 1999.

Charles C. Mann: ***Kolumbus' Erbe – wie Menschen, Tiere, Pflanzen die Ozeane überquerten und die Welt von heute schufen,*** Reinbek 2013.

Reg Manning: ***What Kinda Cactus Izzat? »Who is Who« of Strange Plants in the Southwest American Desert,*** Phoenix, Arizona, 1985.

James D. Mauseth, Roberto Kiesling u. a.: ***A cactus odyssey: journeys in the wilds of Bolivia, Peru, and Argentina,*** Portland, Oregon, 2002.

Detlev Metzing (Hg.): ***Blühende Kakteen. Alle Tafeln der Iconographia Cactacearum,*** Berlin 2022.

Stefan Rinke, Federico Navarrete u. a. (Hg.): ***Der Codex Mendoza. Das Meisterwerk aztekisch-spanischer Buchkultur,*** Darmstadt 2021.

Gordon Douglas Rowley: ***A History of Succulent Plants,*** Mill Valley, California, 1997.

Dan Torre: ***Cactus***, London 2017.

Arthur Tucker, Jules Janick: ***Flora of the Codex Cruz-Badianus***, Cham 2020.

Kirsten Claudia Voigt, Leonie Beiersdorf (Hg.): ***Inventing Nature – Pflanzen in der Kunst***, Köln 2021.

Andrea Wulf: ***Alexander von Humboldt und die Erfindung der Natur,*** München 2016.

Judith Zander: ***Cactaceae,*** Berlin 2014.

Abbildungs-verzeichnis

Frontispiz *Turkeyhead Cactus (Echinocerus perbellus).* Mary Vaux Walcott, 1930.

Seite 10–11 *Vegetation of the Desert of Arizona.* Marianne North, 1875 © RBG KEW.

Seite 14 *The Candelabrum.* José María Velasco, 1887.

Seite 17 *Pereskia aculatea.* Johann Jakob Dillenius: *Hortus Elthamensis*, 1732.

Seite 20 Präkolumbianische Stele aus Chavín de Huántar, ca. 1000 v. Chr.

Seite 23 *Gründung von Technotitlan*, in: *Codex Mendoza*, 1542–1551.

Seite 27 *Copil und Huitzilopochtli*, in: *Codex Azcatitlan*, 16./17. Jhdt. © The Picture Art Collection / Alamy Stock Photo.

Seite 28 *Tira de la Peregrinación de los Mexica* (*Codex Boturini*), 16. Jhdt., Bl. 4.

Seite 30 *Memorial de Don Gonçalo Gomez de Cervantes*, 16. Jhdt., Bl. 198r.

Seite 32 Pierre-Joseph Redouté, *Cactus melocactus,* in: Augustin Pyrame de Candolle: *Histoires des plantes grasses*, Paris 1799.

Seite 36 *Der Hulock.* Aloys Zötl, 1835.

Seite 40 *Cactus grandiflora,* in: Nancy Anne Kingsbury Wollstonecraft: *Specimens of the Plants and Fruits of the Island of Cuba*, ca. 1826.

Seite 47 *Opuntia ficus-indica*, in: Basilius Besler: *Hortus Eystettensis*, 1613.

Seite 50 *Blick auf den Rio São Francisco in Brasilien mit Fort Maurits.* Frans Post, 1639.

Seite 53 Jean-Thomas Thibault. *Der Chimborazo vom Plateau de Tapia aus gesehen*, in: Alexander von Humboldt: *Vue des Cordillères et Monumens des Peuples Indigène de l'Amérique,* 1810.

Seite 54 *Alexander von Humboldt und Aime Bonpland im Tal von Tapia am Fuß des Vulkans Chimborazo*, Friedrich Georg Weitsch, 1810.

Seite 56 *Der Kaktusliebhaber.* Carl Spitzweg, 1850.

Seite 59 *Der Kaktusfreund.* Carl Spitzweg, 1858.

Seite 62 *Floraison du Cactus-grandiflorus – Jubilation générale.* Honoré Daumier, 1856.

Seite 70 *Feigenkaktus in voller Blüte.* Hermann Saftleven, 1683.

Seite 73 *Cactus.* Lucy Culliton, 2004.

Seite 77 *Mamillaria spinosissima*, Toni Gürke, 1905.

Seite 78 Pierre-Joseph Redouté, *Cactus peruvianus,* in: Augustin Pyrame de Candolle: *Histoires des plantes grasses,* Paris 1799.

Seite 82 *A cactus grove,* Arizona, 1871, in: *Report upon United States Geographical surveys west of the one hundredth meridian*, Bd. 6: Botany, Washington 1878.

Seite 87 *Valle de México,* José María Velasco, 1887.

Seite 90 *Kakteen.* Paul Klee, 1912.

Seite 93 *Kakteen und Semaphore.* Georg Scholz, 1923.

Seite 96 *Damenbildnis.* Henriette Protzen-Kundmüller, o. J. Städtische Galerie im Lenbachhaus und Kunstbau München.

Seite 99 *Mammillaria valida.* Albert Renger-Patzsch, 1930er-Jahre.

Seite 103 *Lophophora williamsii und Ariocarpus Trigonus.* Pia Roshardt, 1954.

Seite 104 *Maman, papa est blessé.* Yves Tanguy, 1927.

Seite 106 *L'homme cactus.* Odilon Redon, 1882.

Seite 108 *Transfiguration d'un cactus.* Man Ray, 1971.

Seiten 112–125 Illustrationen von Falk Nordmann, Berlin 2023.

Martin Kölbel, 1969 in Bad Kreuznach geboren, ist promovierter Literaturwissenschaftler und Publizist. Von ihm erschien u. a. (als Herausgeber): Bertolt Brecht, *Notizbücher,* Werner Riegel und Peter Rühmkorf, *Zwischen den Kriegen. Eine Zeitschrift,* Willy Brandt und Günter Grass, *Der Briefwechsel.*

NATURKUNDEN № 96
Erste Auflage Berlin 2023

NATURKUNDEN
herausgegeben von Judith Schalansky
erscheinen bei Matthes & Seitz Berlin
ermöglicht durch Jan Szlovak, Hamburg

Großbeerenstraße 57A, 10965 Berlin
info@matthes-seitz-berlin.de
info@naturkunden.de

EINBAND UND TYPOGRAFIE Pauline Altmann, Palingen nach einem Entwurf von Judith Schalansky
TITELILLUSTRATION Pauline Altmann, Palingen
SCHRIFT Ingeborg von Michael Hochleitner/Typejockeys
LITHOGRAFIE Tomas Mrazauskas, Berlin
HERSTELLUNG Hermann Zanier, Berlin
PAPIER 100 g/m² Fly 04 hochweiß, 1,2-faches Volumen
EINBANDMATERIAL Napura® Khepera von Winter & Company GmbH, Lörrach
DRUCK UND BINDUNG Pustet, Regensburg

ISBN 978-3-7518-4001-9

www.naturkunden.de
www.matthes-seitz-berlin.de